区隔与变通

民居之门的空间结构及文化功能

缑梦媛 著

文化艺术出版社
Culture and Art Publishing House

目 录

序 言
一门心思

缑梦媛择民居之门做研究，自有其因由。

从开封考入广州美术学院读研美术史，梦媛用七年时间修完了她的学士和硕士学位。她的这段求学经历，从空间上契合了客家民系衣冠南渡的迁徙路线，在时间上也成为其从容咀嚼南方和北方种种区域性差异的一种资历。还记得，自己当年从赣东北家乡北上京城时，那种对南北地域差异性的体验是何等强烈。生活中的新鲜感往往会激发人的好奇心，以至自然不自然地把一个人导向甚或影响其人生轨迹的某个方向。想来，梦媛和我都可能因为这种时空更迭而特别地被脚下土地和周遭环境所吸引，而逐渐地关注起结缘于土地和环境的民间艺术。岭南真是一块神奇的土地。近代以来，这里是华夏文明接触欧洲文明的前沿地带，在20世纪改革开放时代更是被誉为引进外来文化的“南风窗”。然而，就是在这块土地上，直到今天，“土”的和“洋”的居然奇迹般地共处共生，以至依然顽强地存续着大量本色的传统文化和乡土艺术形态。因为这种缘故，岭南不仅有着引领现代市场经济风气之先的意义，还在文化建设和学术研究方面有着“礼失求诸野”的价值。梦媛致力于民间美术研究并选择“民居之门”作为自己的博士学位论文课题，与她本硕期间身处广州并广泛游历梅州、潮州、汕头等地的切身体验有直接关系。这些地区，传统遗风甚烈，乡土习俗和民间文化表现形式有较好的保存，而且华侨富商看重衣锦荣归，每在家乡建祠造宅，特别讲究门庭面子的光彩。而这种鲜明的地域性特点，在中原腹地已被现代化潮流涤荡得所剩无几了。

梦媛的研究感发于地域，却没有拘泥于岭南一隅。由生动的门庭现象的感知，到学术层面对社会文化“区隔与变通”关系的思辨，其间经历了思维和思想认识的艰苦的推进。早先的那些或许无意识的寻常游历或漫不经意的见识，最终在一个被觉悟的层面汇为其思想拓展的有力支撑。它以缘自生活体验的生动意象触发了最初的问题意识，也为研究视角和方法层面的把握提供了感性的启发。在民风炽热的聚落形态中，首先跃入眼帘的当是建筑之门脸，无论耀眼显赫的还是朴实无华的，它作为建筑形态的构成要素或作为建筑类型的空间属性，本质上都具有扼制进深、牵涉全局的关键性。因此，推门而入，“门”之意味势必纷至沓来。梦媛意识到了这“门”里的奥妙，以至难以自禁地追逐其中，并由此感受到思想游历的乐趣。在梦媛这部书稿付梓之际，作为曾经的“导游”，我为其思想游历的见微知著而欣喜。

20世纪以来，全球学术界尤其史学界发生了巨大变化。受法国年鉴学派理论和方法的持续、广泛的影响，一股笼统名之为“新史学”的变革之潮在现代史学领域崛起，其间新思潮、新理论、新成果层见叠出、纷繁多样。大体而言，新潮中的历史研究呈现跨学科交叉、多领域拓展的趋势，努力追求打通人文社会科学隔阂的“总体史”目标，综合运用各学科方法对材料进行分析、归纳，以期在更大范围内寻求事实之间的关联与逻辑，全面而整体地把握历史进程的各种联系和结构。“新史学”突破传统格局，把研究视野从重大历史事件及关乎政治、经济、军事、外交的宏大叙事，转向具体的、微观的日常生活世界和社会活动的各个领域，史料运用范围也扩大到文字的和非文字的、物质的和非物质的，并且强调带着问题去研究，而不只是让史料自己说话。

对于“新史学”，梦媛有着浓厚的兴趣并深受其影响。她的这项研究，专注于微观具体的民居之门，具有区域或个案史研究的底色，却没有采用区域史的写法。她明白自己的工作无法对中国所有民族、地域的民居之门做出详尽的研究，以至得出一个有关“中国”的全称陈述。然而，她也不希望局限于五花八门的物质形态，就地域性的个案展开琐细的微观研究，在“碎片化”的奇闻逸事的叙述中求得文学般的可读性。面对纷繁的现实案例，她认为有必要将微观具体之“门”纳入“长时段”

的宏观视角来做“秩序化”的把握，通过对其文化共性的归纳，全面而准确地理解中国民间社会生活的历史展开，“窥见中国物用思想的形貌以及群体心态中那些无意识的结构”。具体而言，梦媛这部著作最终呈现的，是力图从区域性走向普遍性、从“民居之门”的历史现象上升到“文化之门”的历史哲思的结果。其间既有基于微观体验的宏观思考，又有宏观视野统摄下的微观回归，研究方式“自上而下”又“自下而上”。

沉浸于日常生活环境及常规功用之中的民居之门，在个体微观体验中多是再寻常不过的物理空间存在，尽管这种存在意味着自然空间形态的改变，并因为这种改变而别有人文意涵。然而，人们一旦将其与家庭、家族及乡社习俗等社会因素相联系，民居之门便成为一种心理空间，并与历史时间发生关系。对个体微观体验而言，这是归属感、安全感、身份感、荣誉感等诸多社会情感的重要来源。门的微观体验价值取决于对自然空间形态的人为区隔，而这种区隔体现了人类辩证把握空间分割和空间统一关系，并力求文化变通的主动性。在历史文化中，门所蕴含的这种主动性意义是超越其物质性的。基于微观体验，梦媛意识到了门作为一种人为区隔的宏观意义，空间形态的性质不仅从自然转向社会，而且就此在人文层面具有担负分割和统一功能的普遍意义。对于这种普遍意义，她从“内—外”“上—下”两个空间维度，就主体（包括自我和他人、个体和群体）诉诸门的“纳”“驱”“和”三种文化表意，以及门作为一种“变通之道”在处理“私与公”“尊与卑”“富与贫”“文与野”等社会关系方面的一般文化功能，做了深入的揭示和阐发。在梦媛看来，这一切便是业已转化为传统社会文化习俗潜意识、无意识的“长时段结构”。

基于以普遍意义构筑的宏观视野，梦媛继而回归微观具体之门，以向下的眼光考察其在原生社会环境之中的意义呈现或发挥。她通过一系列的个案梳理，将门的普遍性还原到门的具体形态之中。作为寻求事实之间的关联与逻辑，这当然是一个特别考验分析和思辨力的研究环节，因为在此，作为“长时段结构”的普遍性必然遭遇如同“屋顶瓦片的叠加”的纷繁社会行为和生活现象，这意味着对每一处具体民居的分析需要将视角从长时段拉回到短时段甚至是瞬间的时间切片上来，复杂程度不言而喻。我曾提醒她，不要只是关注那些已被历史文献所阐释、礼制规范鲜明的高规格的门，还要关注那些质朴无华之门，哪怕蓬门荜户。在回归微观具体之门的研究中，梦媛重点对北京、山西、陕西、河南、四川、湖北、江西、湖南、福建、广东等地的民居进行了实地考察，同时综合历史文献和地方风俗研究，将普遍性的“结构”置入乡土社会语境和传统民俗习惯中，在微观具体的案例上对普遍意义加以印证和揭示，并对一些超越物质层面、微观体验甚或被视为奇风异俗的“门”现象的历史意义、社会文化功能及其功能衍化加以逻辑的阐释。她的这种努力，使得对民众艺术创造的认识没有停留在传统美术史所在意的形式表层，而是深入其形式的背后或基底揭示出更为深远的历史意义和历史作用，也由此更加深刻地展现出乡土造型艺术与民间社会生活的原始统一性。

从方法论角度来看，梦媛的研究取径于新史学的“总体史”，以问题意识为核心。她打破了线性时序的惯性，没有通史的预设，且区别于简单的类型化选题，不以“划地界”“占山头”为目的。其特点是能够在多个领域、多个学科间自如穿行，带有开放性，是期待持续讨论和对话的新方式。尽管在字里行间并不明显，但微观的、社会史层面的潜在关注贯穿始终，可以说这是她问题意识的基础。她的学术储备，来自本硕阶段对现当代艺术理论的兴趣和关注，尤其是西方美术史方法论、当代艺术批评和文化遗产等学科和领域。从本书中的两个“一致性”，可见其方法论的特点。

首先，问题和研究路径的一致性。门的功能是本书的线索性问题。解题从探讨原初功能开始，首先涉及门的空间基础、文化功能结构，以及由此结构所衍生的文化问题，继而从信仰和世俗两翼探寻其作用于社会生活的表现及可能关涉的功能运行方式。讨论的展开既涉及人类作用于自然过程的认识问题，也涉及人类社会实践过程的文化问题。因此，从观念走向观念的具体化，是回答这些问题的基本路径，这意味着要就“门”之同一问题做多侧面的思考，而且这种思考既不能固守经典之门也不能遁入空门。这对研究者的学术视野和能力提出了挑战，而梦媛则做了很好的回应。

其次，研究视角和方法的一致性。本书可谓总体史视野下的物质文化研究，这就涉及总体史观与微观史料相结合的问题。实际中，研究方法往往是研究视角的结果，当将门的普遍意义与门的微观形态结合起来时，研究视角便已然明确，而材料运用也势必与之一致。传统美术史素来关注显赫的艺术家和显赫的作品，梦媛却从哲学和社会学两个层面关注和解读那些被长期漠视的平凡材料的意义。对她而言，无论从美术总体史来看，还是从社会历史真实性来看，民间美术与精英美术都有着天然的一体性关系，不应该被截然分离。在这本著作中，作者希望透过民居之门的具体物质形态，通过将这些民间物质遗存邀入美术史，打开把握美术史的另一维度，抑或改变精英美术主导美术史的一贯格局。这种意图中包含着一种重要的学术主张，即看待艺术不应该仅从“艺术”视角，而要根本地回归到“人”的视角。民间建筑以至整个民间美术的根本价值，不单纯取决于它们的“美术”表象，而根本地取决于其与民众世俗生活的千丝万缕的共生关系。梦媛以其写作表达了这样的学术关切。

物质文化之下蕴含着与社会文化相关的结构或惯性，这些因素是历史研究所需分析和解释的深层内容，也是把握当下社会文化发展的内在依据。在“新史学”特别重视的这一路向上，还有很多工作要做。即如专注“民居之门”的这项研究，小切口地探索和建构有关民间文化历史的宏观叙事，可谓梦媛学术上的一门心思。

既沉潜于乡土基层，又骋思于理论前沿，这是梦媛的取向，也是她的优点。刚刚走上工作岗位就做出了不错的成绩，可喜可贺，期待她在未来取得更多更好的学术成果。

中国艺术研究院原常务副院长
兼研究生院院长、研究员

绪论

山西省临汾市区襄汾县丁村第 9 号院门前的拴马桩，2019。

第一节
问题与范围

对人而言，门是人居所必需之物，出入必经之地，亲和又威严、平凡而神秘、予人方便还能助人祈愿。实际上，门是人对空间进行自主划分的产物，被置于内部与外部的边界之上，以其特有的开阖功能，帮助人处理主体与他者的关系。人们不仅创造了各式各样的实物之门，也形成了丰富的与门相关的习俗与观念。这促使我们追问：门对于中国民间百姓来说意味着什么？即门在文化层面的功能。

当我们把视线投注在一扇门上，很容易被其形制构成、视觉图像所吸引，这些构成门的一切要素都是其文化意义的承载者和传播者。正因如此，门涉及的内容纷繁复杂，使人难于在庞杂的问题中形成一个讨论门的文化意义的清晰线索。或者说，我正是想去寻找这样一个解题的线索。最终，我又回到了门起初的功能上来，即人对一个“开阖之物”的创造与使用。物理之门所呈现出来的“物我”关系，既是其文化功能的基本前提也是其文化功能的物化结果；上述二者形成了门在后续观念衍生层面的基础。

说起“文化”，人们观念中会涌现出多种对“文化”的描述和界定。就门而言，功能学派马林诺夫斯基的观点似乎更为适用。他认为，文化没有高低、优劣之分，所有文化的产生都是为了满足特定人群、社会的需求。所有人造物的出现莫不是因为所需，文化实则为达到这一目的的手段。不论是物质、精神、语言，抑或是社会组织，都有着发生的理由，都是文化整体中的某个方面，是文化把它们拢于一体，使各个方面都成为其整体性中不可缺的部分。

基于此，把民居之门放入文化之维来看非常必要，正如民间美术研究、美术史研究不应偏离于文化整体或超然其外，而应该浸入其中。以这样的观念来研究具体对象，更有可能接近它的实况与全貌。并且，对某一物象的个案研究，讨论它与人的关系、与文化的关系，能够帮助我们更加明晰所处文化的过去与现在，这也是人文学科的研究意义所在。

本书期待解决的问题是：门的原初功能是什么？后来衍生出了哪些文化意义？作用于生活世界的哪些方面？这些功能是如何运行的？解答这些问题，本书拟从观念开始，逐步将门的问题具体化，即从人观念中的门推演出门在空间中的结构关系，进而将此结构置入中国民俗文化习惯中梳理其与衍生功能的关系，最后将门的文化功能置于中国社会语境中，分析门对人和社会的意义与作用。

门是建筑的眉眼，当我们走近一座建筑，或是回忆一座建筑的样貌，大门往往是最有代表性的部分。正因为它可以成为一座建筑的代表，人们会把希望表达的空间精神、人文特性集结于门上，门因而极具审美意义。门的造型、选材，以及所有构件、装饰，都在协助表达这座建筑想要体现的意义，这就与门的文化功能有关，是在实用功能、审美功能之后的继续追问。蕴含丰富审美意蕴的民居之门究竟如何帮助人们表情达意，如何在精神思想方面满足人的需求与意向，正是本书确立研究对象及研究范围的依据和出发点。

这里的“民居”是指中国传统社会中除宫殿以外的居宅，包括官宅与民宅。在实地考察中，现存民居多为明、清遗留，且以清代居多，本书在涉及门的具体形制时多以这些尚有实物可循的传统民居为例。门既是民居中的重要部分，也是民间礼俗中极受重视的场所。这决定了对它的研究不仅涉及中国传统建筑中的大门营造，也涉及民间活动中与门相关的部分，从这个角度看，明清旧居、村镇民俗对于中国传统文化习俗的保存更为丰富。

本书的研究对象为“中国民居之门”，其外延是宽广的，它也涉及多个民族不同的居住方式及风俗习惯。就研究对象的范围而言，我需要在此做一个明确的界定。

第一，本书所谓“中国”民间的研究乃是根据今天的政治语词外延展开的。今天所谓的“中国”与古代某历史切片中所谓的“中国”，其内涵和外延皆有差异。据葛兆光考察，北宋石介的《中国论》是已知最早的以“中国”一词来描述政治、文化地理范畴的文章。具体到当时的北宋疆域，“中国”以黄河流域的“中原”为中心，向四周辐射。历史上，虽然其政治中心屡次易地，无论是“衣冠南渡”还是“偏安临安”，但汉族文化仍然建构了一个“中心—边缘”的地理模式，所谓“中国”仍来自这样的文化观念。但如今的中国则按照“多民族国家”的原则组建，它虽然沿用旧称，但其赖以存在的政治理念已不同于辛亥革命时期借鉴于伯伦知理等人的单一民族建国论。

第二，本书并非以“民族志”式的、分门别类的写法来完成的，而是希望从纷繁复杂的民居之门中归纳出相对的文化共性。因此文中所呈现的研究案例的确是带有主观选择性的。从批判理性主义的视角来看，这样的归纳可能会面临无法穷尽对象的叙事危机。也正如他们所强调的那样，无论多少单称陈述都无法归纳出一个全称陈述来，因此他们将“归纳”法排斥在严格意义上的逻辑工具之外。例如中国各个地区的民居有着明显的地方特色，民居之门亦然，谁也无法对中国所有民族、地域的民居之门做出详尽的研究，从而得出一个有关“中国”的全称陈述。尽管如此，人们仍然需要“宏观视角”将过于复杂的世界“秩序”化，而不是完全陷入“一盘散沙”的微观碎片中，它被迫在严格意义的逻辑层面做出让步。

第三，本书将研究的民居范围明确为具备人造物质形态的、不可轻易移动的“定居”载体。由此，远古时代依地势而居的“民居”、游牧民族可轻易搬迁的居住载体暂时不在本研究范围内。就历史现实而言，此类民居主要属于农业文明的民居范畴。本书重点对北京、山西、陕西、河南、安徽、四川、湖北、湖南、江西、福建、广东等地农业文明的民居进行了实地考察与文献研究，并在书中有较为清晰的图文呈现。事实上，几次民族大融合之后，汉族与其他民族杂居的现象日益明显、常见，因此也很难对各个民族的民居进行清晰的边界厘清。例如，如今看到的北京四合院，就至少是汉、满、蒙等民族文化积淀的结果。在广东，其民居不仅体现了汉人的文化基因，也融合着百越诸族的历史渊源，部分民居甚至明显体现出了南洋、西洋的建筑特色。

第四，中国农业文明的民居基本上是木结构梁柱体系，甚至在农村大量房屋使用着简单的夯土结构，它决定了使用寿命的短暂性。事实上，直到明代，砖木结构才逐渐使用在民居中，但主要的支撑框架仍然是木材。即使不断地更换老旧梁柱，留存于世的民居主要也是明代之后的建筑。至于那些始建于明代的幸存者，大多也在后世岁月中被改建或修复。本书可借助文献、图像或其他佐证物考察到

图 1 （南宋）剔地雕花卉门石刻，2006 年四川省泸州市泸县牛滩镇赵湾村征集，2018 年摄于四川泸县宋代石刻博物馆。对明清之前的民居之门进行考察，需主要借助文献及其他实物资料进行佐证。

图 2 （明）彩绘浮雕牌楼式石刻，2016 年四川省泸州市泸县玉蟾街道水竹林村出土，2018 年摄于四川泸县宋代石刻博物馆。本书对民居之门的研究也可借助于其他类型门的实物或图像进行辅助考察。

此前民居之门的情况，但实体民居资料的历史上限则只能追溯至明代。（图 1、图 2）

这些民居遵循着传统宅居建筑的礼制及伦理秩序，四壁往往围成合院式的院落（图 3），基座多由平地而起，房屋层高基本不多于两层，屋宇与庭院错落有致，整体在水平方向上延展开来。就门的范围方面，本书基于文化空间中的门的研究，民居之门不仅是一个上下结构的垂直立面，门扇及其四周，以及大门内外的相关构件共同构成了一个文化的民居之门（图 4），其中每个部分都在门的文化整体性中发挥着作用。它们是屋顶、门楣、门柱、门槛、阶基、影壁、门簪、门钉、铺首、门环、门墩、门神、

图 3　合院民居示意图，作者绘。

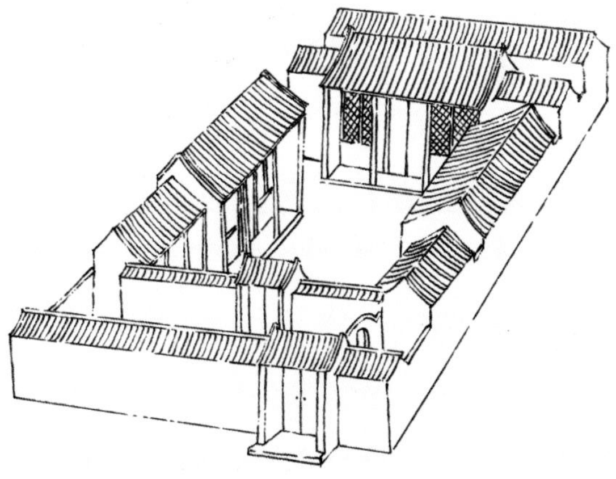

门联……这些构件或附属物都在协助门发挥它的功能，尤其在文化功能层面，这些要素往往呈现出人们更为直接的表意意向。

图 4　北京市兴华胡同 12 号民居大门，2016。

第二节
研究史概述

研究中国民居的著述较多，研究民居大门的著述却很少。在这些较少的成果中，有一部分是基于文化视野的门的研究，此外更多是建筑层面的门的形制、装饰、构件研究，以及门的设计研究。不同研究者会有出自不同学科的学术史考量。笔者根据自己的研究设问和思路，从以下角度检索和梳理既有的研究成果，同时着意发现它们之间天然的紧密联系。

一、观念之门

当前国内有不少著作从中国传统文化出发对“门”进行文化史、思想史及民俗史上的研究，从“门”所承载的文化意涵、由“门”衍生的思想观念和依附于“门”的各种民俗信仰入手，考察“门”作为一个符号所拥有的象征意义与文化价值。王树村的《门与门神》[1]一书对中国历代重要的城门、宗教建筑中的门，以及与门有关的地方、故事进行梳理，并对门神的发展概况、传说故事与历史演变做了介绍。其中提到门的文化内涵“往往与历代兴废和文学艺术相关”，门的文化象征性因此更为丰富。吴裕成的《中国的门文化》[2]从建筑中的门延伸到了门所承载的中国传统文化渊源，不限于宅门，也不限于门本身，与门相关的历史风俗也是该书的亮点。王子今的《门祭与门神崇拜》[3]是另一部重要的关于门的研究著作。该书将与门有关的民间风俗与信仰分为门祭礼俗、岁时民俗、门神崇拜、婚丧礼仪、门的神话、门的禁忌等几个部分进行了详细的介绍，用丰富的文献资料呈现了关于门的思想观念与风俗信仰，同时也从社会与心理的角度对门阙与门隙进行了解读。该书所采用的民俗学、文化史和心理学的研究方法，以及丰富的资料，都值得本书借鉴。

门在空间中的内外区隔功能与观念层面的对照关系，成为不少研究者的切入点，为笔者提供了非常重要的参考维度。齐美尔的《桥与门——齐美尔随笔集》[4]一书第一篇即探讨了桥和门这两种人类建筑形式及其美学上的意义，对桥与门从空间与心理的角度进行了阐释。在齐美尔看来，桥将天然存在的分离统一了起来，而门则将统一的天然存在分隔开来，并且这种分隔又是随时可以瓦解的，道出了门作为一种建筑形式的特性和价值。这些讨论对于本研究很具启发意义，宏观意义上门的这种既能分隔空间又可随时破除界限的特点是其实施纷繁文化功能的物质基础。

二、造物之门

一些研究从小口径切入，以个案的形式对民居之门从材质、技术、造型、功能等角度做更为微观的探究，为以门为对象的物质文化研究提供了充满活力的多维视角。但它们也往往不局限于此，而是将造物之门放置到实态民俗之中，放置到包含阶层、制度的社会结构之中，上升到国族文化、观念根源的层面，为本书的研究提供了相应的参考维度。

例如，从造型层面展开的研究思路是，门上的构件及门饰随着形制的演变出现了许多不同的样式，其外在造型的变化同样成为研究的切入点。既有对传统建筑中各种门的形制的研究，也有从艺术研究的视角审视中国传统建筑中门的造型及门饰的审美价值、文化内涵。这部分的研究更多是从历史考证与艺术分析的角度对物质层面的门进行研究，以此解读中国传统建筑上各式各样的门及其构件、装饰的意义及其变迁。刘枫的著作《门当户对：中国建筑·门窗》[5]研究了中国传统建筑中门与窗的基本形制，考察了门窗在中国历史上的演变过程，分别描述了门窗的基本构造与实体形态。就门的实体形态而言，书中将其分为城门、坊门、宫门、宅门、墙门、地穴、山门等，各种形态的门在生活中具有不同的实用性，其中也有文化象征的作用。

同时，作者也介绍了门上的构件及装饰，如门色、门簪、铺首、门钉、匾额、门神、对联等，以及门窗上的各种吉祥符号。该书从实用与文化两方面，概括论述了传统建筑中门窗所具有的形制与寓意。楼庆西的《中国建筑的门文化》[6]一书对门的介绍更为详细，作者以功能、礼制、形制的角度从宫殿之门、住宅之门谈起，广泛介绍了中国传统建筑中各种各样的门的形制及门上构件。该书最大的特色在于对不同形制的门的具体形态及门上的装饰物件做了细致的分析，通过大量图片直观地呈现了门的形态及构件细节，反映了中国传统建筑中门所具有的丰富的造型与精美的装饰。同样以介绍门的功能、种类、形制、构件与装饰为内容的著作还有王其钧的《古雅门户》[7]、李欣主编的《中国古建筑门饰艺术》[8]等。也有学者从艺术设计的视角把门视为造型艺术中的一个符号，探讨如何将这个符号运用于现代设计中，或是将中国建筑中门的样式放在历史线索中，探讨过去的、传统的门的样式对今天设计的参考价值。其中多有涉及对门所承载的丰富内涵与审美价值的重新挖掘。

另有一些学者从某个地区入手考察“门”的地域文化景观。个案研究的好处在于能够较为集中地针对某一特定对象，对具体的门的形态及其文化意义的讨论显得更加详实，这种研究方式也被运用到对门的形制及门饰的研究上。例如郑岩、汪悦进的《庵上坊——口述、文字和图像》[9]就对山东安丘的一座石牌坊进行了详实的研究。这是研究对象与门相接近的，非常值得赞赏的研究，此研究涉及对象的方方面面，如建造材质、石匠技术、艺术风格、图像语义、社会功能，等等。他们甚至对与此牌坊相关的各种民间传说进行了口述史考察，以此调查到有关牌坊建造渊源的民间传说，了解到建造它的过程，以及民间对各种图像的解释。这本书同样也通过呈现截然不同的民间传说来讨论口述资料有效性的问题。《庵上坊——口述、文字和图像》是此类型研究中非常典型的文本，虽然牌坊的社会功能更主要立足于象征层面，但它仍具备门的诸多文化特性。

这个部分的研究专注于对象在物质造型层面的微观研究，而不同于观念层面的哲学思考或宏观文化史、社会史层面的讨论。就本研究方向已有的成果而言，这是较为常见且数量较多的一类。不同的是，笔者的研究在于通过日常之物的物质文化形态，发现人对物的态度及其在一定历史时段中的变化。人在共识之下的意向，以及基于某些缘由一些个体突然做出的不同往常的创造性发挥，它们会在物上留痕。我们研究看得见的对象更易，揭开隐藏的、难以捉摸的观念痕迹似乎较难。而且，这种探索该如何走，走到何种程度，甚至不能预设。然而其引人入迷的地方正在于此，试图进入过去的时空，像侦探般窥探前人的思绪。

第三节
理论视野

本书对民居之门展开讨论，但不是将其仅仅局限于物质形态的门之研究，而是要落实于人，落实于人的具体生活之中。若要获得民居之门的知识，则需要了解它对人而言具有的所有功能，即它对人类需求的回应。我们若进一步追问，门的功能又不仅仅依附于实用需求，它也是文化、观念的产物。由此，对民间生活中的门之研究无法仅仅以数学化的方式来展开，而需要以理论视角介入，最终落实于价值判断。以下是本书涉及的主要理论视野。

一、功能主义人类学

以马林诺夫斯基为代表的功能主义学派对本书有着重要的启发。它对于人类学的贡献不仅体现在研究技术层面，更重要的是，它将进化论统治下的人类学纳入一个以文化功能为价值导向的体系中，颠覆了长期以来的线性史观。马林诺夫斯基注重功能产生的原因及实现途径，以“需要”与“文化迫力”组合为基本的动力单位，进而研究存在于整个社会中的实现系统——社会组织——对人类需求的满足。马林诺夫斯基把文化分为物质设备、精神方面的文化、语言及社会组织这四个方面。他们深信文化历程是有一定法则的，这法则是在文化要素的功能中。[10] 功能派也强调一种文化间的整体性，关联于整个社会文化的网络之中，即每个文化要素都因其功能而发生、存在，并服务于整个组织系统的运行。马林诺夫斯基在研究中提出了文化的真正要素是人类活动有组织的体系，即“社会制度”。[11] 所以，在对某一具体事物的研究中，功能派所强调的，也是很多研究中常常容易忽视的是对事物背后的社会制度的探索，这是对文化整体性结构的把握，也是解释一个事物的文化功能必不可少的视域及立足点。在这个方面，布朗的功能主义理论也有不谋而合之处。布朗从社会学的角度建立了“结构—功能主义”，他强调应该把社会看作一个整体，其中的所有元素都有各自确定的、关联于整体的功能。他认为“社会结构”是构成所有文化现象的根本，并注重对社会结构类型、差异及发展轨迹的深层剖析。布朗关注的不再是某些文化现象的功能，而这些功能之间的关系、结构，这些成了他的研究重心。

从这个角度来观察民居之门，就需要避免将一系列传统门俗活动仅仅从所谓“迷信”的角度来评判。诸如各个时令所施行的各种活动，体现了民间朴素的“纳吉避邪”愿望，其“类巫术”方式也是特定时代“知识型”的产物。它们除了反映这种功利性诉求之外，其中也常常蕴含着道德层面的教化功能。就传统社会而言，它们无论对于人们的心理宽慰还是社会的有序存在，都具有非常重要的价值。不过，在具体研究过程中，需要以田野考察为基础，将这些学术范式与中国的文化语境接通。例如，中国的社会结构乃至文化习惯，与人类学概念中的语境不一定能够对接。以民居之门来切入，其材料不仅来自地方性的社会土壤，且由此自下而上的思考，既是在理解社会结构的问题，也是在反思已有的社会学和人类学研究范式与中国文化语境关系的问题。此外，就中国文化的整体性讨论而言，也需要详尽考察各个地域的文化特性，考察其背后复杂的观念系谱，慎重思考宏观中国文化与地域性文化之间的关系。儒家文化传统当然是决定门之功能重要观念的源头，但历史上很多地域性民间观念不曾呈现于那些耳熟能详的经典文献中，它们仍然在影响甚至主导着民间对门的诉求。当然还有那些可知可感的温度、湿度、光线等自然因素，它们都以地缘差异的方式综合地呈现出来。如何更好地思索它们之间的关系，寻找到更为合理的讨论模式来进行表述，也是本书尤其重视的方向。

二、总体史观

如上所述，民居之门处于民间生活复杂的功能网络中。对其研究若只是局限于“门”本身，无疑会一叶蔽目、因小失大。因此，笔者力图将门放回到民居，乃至更大的环境中，从普通人的生活习俗中去研究门，在整体史的大背景中去还原门。由此，对门的研究不仅仅关注其物质形态，围绕它所实施的各种文化活动都可以成为研究的对象。例如，百姓们日常生活和年节礼俗中用于装点大门、配合习俗放置的自然物及人造物，营造气氛及表达意义的音乐、表演等艺术形态。从此视角来研究一种人造物，可能就不易发生认识上的断裂，其视域之内应该是一个完整的文化体系。那些长久不被学者关注的平凡之物，其实一直参与着历史，从未停歇过。

受固有观念影响，传统史学研究热衷于政权史或英雄史研究，往往按照政权更替线索来梳理国家、民族的历史，但事实上，政权更替不过是“大历史”中一个很小的组成部分。历史犹如河流，处在无法分割的绵延之维中。另外，近代以来，人们建立了很多历史学分支学科，各个学科强调自身独立性，分别建立起各自的学术原则，并将研究对象进行泾渭分明的划分。其优点在于研究深度的强化，其缺点就是树立起重重学科壁垒，将本是整体、有机的历史分割得支离破碎。1929 年，吕西安·费弗尔和马克·布洛赫在斯特拉斯堡创办《经济与社会史年鉴》杂志[12]，其理论思想是在对传统史学的批判中发展起来的，针对的正是长期囿于伟大人物的军事、政治史，普通百姓的生活却一直不能得到关注。如今，虽然在“整体史”的具体研究方法上还存在争议，但大多数学者都认可这一史观：真实的“历史”是在我们之前发生的所有事情，不仅仅是精英人物和重大政治事件，即总体的历史。总体史是指一个社会的总体性不受任何专业壁垒的限制，政治、经济、社会、文化……对这一历史的研究需要社会的各个方面相互补充和借鉴，这是真实的历史。实际上，民间文化（史）研究也是近些年才成为学术界“显学”的，很长一段时期它并不被学者看重，涉足者少之又少。例如在中国，研究文化史的学者注意力主要集中于文人精英文化及宫廷文化，而极少关注民间生活。从学术史的脉络来看，对民间文化（史）的重视无疑与总体史观的勃兴有密切关系。

既然整体史观已经打破了精英与民众、宫廷与市井之间的绝对鸿沟，消解了学科分化所带来的壁垒，对史料的运用则无疑变得更为开放。传统史学所使用的史料一般以文献为主，尤其是那些储存于图书馆、资料馆、宗教场所、宫殿、学校、陵墓等处的被认为流传有序的经典文献。在整体史的视野中，研究对象及史料范围较传统史学都发生了极大扩展。“这些史料包括各种书写材料、图像材料、考古发掘成果、口头资料等。一个统计数字、一条价格曲线、一张照片或一部电影、古代的一块化石、一件工具或一个教堂的还愿物，对于新史学而言都是第一层次的史料。”[13]书面史料包括登记入册的所有社会成员的生活信息，税收记录、市场价格表、人口流动登记表、医疗档案……通过关注普通人日常生活中留下的痕迹，如他们的村庄、街道、房屋、陈设来见证一个区域的历史。

这对本书的写作启发很大。在中国，长期以来文化史、思想史研究同样以“四书五经”“三玄”等经典文献作为框架来建构历史线索，而忽略民间尤其是社会下层中各种史料的重要性。按照年鉴学派的理解，由于经典文献往往是知识阶层的专属，且极易被篡改、编纂而失去其原真性，反倒是类似于儿童启蒙读本等民间文献更接近于历史真实。由此，在民居研究中，除了借用儒、道、法等一些经典文献对观念史进行考察外，民间习俗、建筑图像、口头歌谣、民间传说，以及今日被归入民间美术研究范畴的年画、纸马、面具、社火、灯彩……都是本书推进研究的重要资料。

总体史观非常注重与其他人文、社会、自然科学的联系，拒绝单一因素的历史推理，但面对极其庞杂的历史史料及多领域的交汇，多重的原因无疑将增加历史判断的难度。对于“总体史”如何“下手”的问题，史学家们争论不已。历史是一个包罗万象的“容器”，如果无法找到合适的立足点面对“总体史”，学者们恐成为无头苍蝇，乱打乱撞。区域史研究正是在这样的理论难题中应运而生的。从某种意义上说，它是人们面对总体史研究困境时提出的一种“解题”方案。例如在年鉴学派内部，也出现了颇具张力关系的不同方案。费弗尔和布洛赫认为，历史是整个社会的历史和人类生活的总体面貌，即实现了历史学的研究对象由个体至群体的扩张；到布罗代尔时，他更强调结构和地理环境；布罗代尔之后的第三代史学家对总体史产生了怀疑，有的人认为它只是一个难以实现的愿望，也出现了一些地区的总体史研究，通过缩小范围来把握历史的整体性；第四代史学家们开始逐渐放弃宏大的总体史方向，逐步走向区域和个案式研究。

区域史研究并非对总体史视野的否定。它将研究的地域范围进行了缩小，但仍然主张具备总体史的意识，在总体的历史、时空关系中看待局部呈现的问题。当前国内的不少民间文化（史）研究正是在此视角下展开的，它更为容易将民间文化与地域性历史、气候、物产、民族性格等研究领域进行精确衔接。但缺点在于所研究地域的确认上，因为所谓的“地域”仍然是学科标准下的划分，它并非一个自然形成的空间“实体”。本书的研究对象民居之门可以理解为区域历史的产物，在区域群体生活中经由文化传统传承至今。

三、问题史与长时段

受实证主义影响，传统史学强调史料的重要性，由此傅斯年才有“史学是史料学”的著名判断。但正如上文所言，本书以“人”的视角来考察门，考察其在日常生活中的功能并追溯其观念渊源。因此本书是从问题出发，将门放在整体的文化视野下，寻找多元化的史料依据。于此不得不谈到新史学中“问题史”的立场，他们倡导研究者带着问题去研究某一历史问题，不是铺陈史料讲述历史“故事”，而是追问历史为什么会这样，强调挖掘历史问题的深层结构并做出分析和解释。那么，所有的史料在选择上就有了一个判断的根据：它们必须对这一问题的解释发生作用。同时，在对问题进行叙述的时候，不再首选按照时间的发展顺序展开，而是按解决问题的思路进行合理的逻辑推进。所以，新史学也非常注重历史与当下的关系，从对当代的思考中产生问题，通过追溯历史来进行回答。“它注重现在和过去的关系，也就是说‘通过过去理解现在’，然而也‘通过现在理解过去’……”[14]民居之门研究的关注点是对门文化功能的挖掘，有哪些功能，如何实现，以及为何会有这样的功能？在实用与审美的演进中，是否有一个内在的基本结构？这与新史学所倡导的“问题史学”是一致的。

在此同样需要借鉴新史学派中的“长时段”视角，因为任何文化现象都不是凭空而来，任何问题的追溯都可以在较长的历史时段中去寻找渊源。在年鉴学派中，许多史学家都有关于历史与时间的思考，布罗代尔的长时段理论最具影响力。“这并不是指神话或人类行为基本因素的准永恒性，而是指一种好像被确定为是无意识的社会史的、‘普通的’长时段，这种无意识，就是马克思所说的‘人类创造历史，但并不知道自己在创造历史’。对布罗代尔来说，这种未被意识到的历史恰恰就发生在长时段中，就暗藏在那些显而易见的表面事件的后面，并且可以用一连串的结构组织起来，在这些结构中一个系统的一系列补充成份相互呼应。”[15]同时，长时段理论的魅力使心态史成为新史学研究的热点。心态史通过不同时段中人们对某一事物看法的变化，来显现历史发展的轨迹，例如对死亡的态度、对税收的心态、对时间的理解、对巫术魔法的看法……这些都是长期存在于群众文化中的事物。本书从民居之门出发，想要挖掘的是门背后的文化渊源，其实质是探求人的集体心态。讨论虽然是从实例出发，但对历史时段的选择不会控制在非常具体的时间点上，不同时期的例子都可能纳入研究的范畴进行分析。长时段作为一种研究视角和方法，对我国长期稳定的传统文化研究仍具魅力及参考价值。民居之门在不同地区、不同时代的文化系统中存有差异，本书想挖掘的就是那些无意识的、稳定的对门的看法和那些历经岁月得以丰润却从未消失的文化意义。然而，在把握民居之门长时段演进的过程中，对每一处民居的分析又需要将视角从长时段拉回到短时段甚至是一个瞬间的时间切片。单称的民居既是长时段文化积淀的产物，也是某时某地具体文化环境的产物。每一座民居只有在长时段与短时段的相互关系中，其意义才可能逐渐沉积、紧实并稳定地呈现在我们眼前。这或许正是狄尔泰所说的“阐释的循环”。

四、文化研究

“文化研究”是从英国伯明翰兴起的，将关注点瞄准于日常生活、亚文化、流行文化等非精英文化领域的一个当代研究视角，其研究方法尤其吸收了20世纪语言学、符号学、结构主义与后结构主义等话语哲学的相关成果，近些年在国内学术界同样颇具影响力。“文化研究”的相关视角及具体方法可以为我的研究提供许多启发性的帮助。

首先是视角的平民化和日常化。正如威廉斯在1958年的《文化是普通平常的》中强调的，文化不仅是图书馆和博物馆中那些艰涩的文章和难懂的物件，更是普通人的日常生活。民居之门的研究将更多地从各种非精英的、通俗的文本和图像中资料搜集。将注意力同样集中于那些日常生活中的如家谱、年画、门神、匾额、建筑图像等日常资料，这不仅是新史学所热衷的，同样也是文化研究特别看重的研究资料。其次是借鉴其经常使用的表征理论。文化研究擅长运用符号学及结构主义，尤其是以其中的现代语言学的成果进行话语分析，考察那些“字面”意思之下的含蓄意指活动，诸如索绪尔、皮尔斯、罗兰·巴特、德里达等人的表征理论是其经常运用到的。这样的研究方法对于民居之门的考察非常有借鉴意义。民居之门存在着大量的文字及图像附属物，它们的功能不仅与装饰相关，更涉及直接的和含蓄的表意意图。对于家、族来说，大门是面向外界最重要的表意场所，它们于此不仅表达那些可以直接述说的意义，如家族渊源、政治身份；也表达那些不便于直接述说的意义。再次是他们善于研究各种文化活动背后的权力策略及实施方式。诸如性别、阶级、种族、亚文化等权力角逐的“热战场”是他们经常涉足的，有人甚至戏称性别、阶级、种族三者在伯明翰学派的研究中是三位一体的。人们常常用“门”来称谓不同的阶层（如豪门、寒门等），在古代文化体系中，“门”不仅彰显着权力的威严，也往往划定人的身份阶层，提醒人的行为权限。由此，文化研究的众多分析案例可以成为借鉴的文本，它们正是以文化现象为切入点，揭示权力在各种文化现象中的存在。让人印象深刻的是，他们喜欢分析话语是通过何种方式进行社会区隔的，又是通过何种方式来强化这种区隔的。话语是言说方式，人们往往认为话语是自然而然形成的，但事实上每一个微观的细节处都渗透着权力的痕迹。这也是福柯等人为当代人文学科研究开创的重要的理论范式。这一视角不仅适用于现代社会，同样适用于古代社会，也包括对民居之门的文化研究。由于“门”在古代社会生活中具有非常重要的实用功能和文化功能，承载着极为复杂的话语结构，不断地进行着表征实践。对这个部分的关注相信有利于我们更为深入地理解民间社会结构及民间百姓的思想观念、表意方式。

五、建筑现象学

从乡土建筑的角度看民居之门，需要超越目前学术界以门的类型进行收集和归类的简单路径，它的局限性一方面在于将复杂的对象做主观化的归纳划分，另一方面在于它将“门”与其他建筑部件、生活空间、自然环境及外部社会空间进行强行分割。但事实上，门的制造和使用者从不会单独地考量门，而是将其放在自己可以感知到的整体环境中来考察、规划、建造、使用。建筑现象学对本书的启发意义正在于它对人所整体感知之“场所”的强调。在现代现象学创始人胡塞尔的“本质直观”中，他就主张悬隔一切先入之见，“还原”和“感性直观”成为现象学的重要观念。现象是指人的意识作用于“实在”之后所产生的表象，这表象，也就是现象，是我们认识事物唯一真实的存在。意识的材料来自感性直观，除此之外的知识或对象，都是不可靠的。建筑现象学从现象学基本的哲学立场出发，强调直观的重要性，强调建筑周遭场所在人意识中的“直观整体性”。

其一，从场所的角度来看，“门”绝非一个孤立的建筑部件，它是处于整体的场所之中的“门”。门和周边的自然环境发生着关系，也与身处其中的人文环境紧密关联。它们之间始终是一种整体的而非割裂的、分化的关系，那些伟大的古代工匠们非常懂得让“门”与这种整体的场所精神相呼应，他们会根据气候、地势、风向等情况来安排门的大小及位置。例如英国由于阴冷多雨，所以其教堂的西面大门比之法国要低矮及狭小，这很自然是在让“门”适应整体的场所特性。从某种意义上说，是场所孕育了特定环境中的建筑物，对后者的考证自然要放到整体的场所之中。因为我们感知到的东西都是整体性的东西，而不是被理性切割后的对象。当我们身处一扇门之前，或是一座民居前，我们的感知不可能仅仅停留在门本身，而是那个场所所有要素共同营造出的空间与气氛。由此，本书除了研究门在中国社会的文化功能之外，也在努力呈现中国民居之门的场所特性。其二，现象学反对从先入为主的观念出发，主张考察现象本身，而这现象只能是具体的现象。就像海德格尔对人的认识那样，永远都无法对人设定一个先入为主的本质，人只能是“此在”的，它不受所谓本质论的束缚。老式的地域主义从一个抽象的角度对传统建筑进行符号提取，将建筑样式标签化和类型化。新地域主义则主张从特定的场所来思考建筑的地域特性，考虑气候、温度、光线、地势、海拔、文化、历史等综合因素进行建筑设计。对门的考察虽然要理解那些普遍的文化观念，但也要考察其身处场所的独一无二性。例如，中国民居之门虽然存在一些共同的特性，但不同地方的工匠总是能根据此处的地势、气候和人文习惯进行专门的设计。对于那些杰出的工匠来说，他们往往会从更为微观的角度思考门的样式、结构、功能，会考虑到此时此地的场所特性，考虑“此人”的功能需求，考虑此处材料的优缺平衡。

人对场所的情感来自一种类似于“与世界共在”（海德格尔语）的关系，这种关系也是人与民居之间的原初关系。所谓的“与世界共在”，就是将人还原到一种未经异化的原初状态，这种状态挣脱了技术“座架”的牢笼，强调感性身体与世界的关系。建筑物就是人将对世界的认识具体化的结果，“当人类能将世界具体化为建筑物或物时便产生定居”[16]。

总体而言，上述几个部分，既是已有学术史的形状，也可看作我以门为对象在观念及观念的具体化表达中所做的可行性考察，而探索中国语境中门的特殊性也暗含其中。

第四节
研究结构

章节结构示意图

本书的行文结构，从表面来看，呈现为从门的空间属性到文化功能的逻辑关系，而实际的问题意识却沉潜在从观念之门到观念的具体化的“落地生根”式探究。观念的具体化即门在具体文化情境中所承载的文化功能，本书着重从非现实世界与现实世界两个层面展开讨论。前者论述的主要是民间风俗中和门有关的活动，体现的是人经由门面向泛灵世界的表意诉求；后者论述的是现实世界中门在昭示家族、阶层时的文化功能，体现的是人经由门面向世俗社会的表意诉求。这种“金字塔”式的行文结构，却是来源于笔者近几年“从地窖到阁楼”式的考察和思考的结果。

第一章在时间维度中梳理了门的意识萌芽、营造趋势、文化演变历程，在空间维度中阐述了门的基本营造结构及视觉法式。第二章讨论的是概念和观念层面的门，从门的空间属性衍生出了实施其文化功能的基本结构，明确门既是物理意义上的建筑部件，更是思想、精神层面的物化载体。门包被与集结的特性，体现在门自身的空间属性上：空透与闭合。由此，门的文化功能在“内—外”“上—下”两个结构中展开，它从空间之门衍生为概念层面的区隔、变通之物。

本书以此为基础，进一步探析门在文化表意层面的功能，是从“观念”到“观念的具体化”，也是“金字塔”结构中逐渐向下延展的部分，这正是第三章、第四章要解决的问题。民居之门不仅是一座家宅的空间枢纽，也是表意实践的重要场所。第三章探讨了民俗活动中和门相关的表意活动主要体现于人如何理解、处理与泛灵之维的关系。在“内—外”维度，门使人得以在标记悲喜、纳吉驱邪等活动中表达对外部非现实世界的复杂态度；在“上—下”维度，它可以成为表征时序、强化血缘的重要媒介。第四章讨论了门所涉及的世俗社会中的几组关系：私与公、尊与卑、富与贫、文与野，体现了大小共同体（私与公）及社会阶层（尊与卑、富与贫、文与野）的区隔，但这种区隔又不是绝对的。传统社会对人德行的教化、对科举中第的鼓励、对落叶归乡的信念都是打破区隔的方法和途径。从此方面来讲，门之“易变于界”的意义重点就在于变通。

从观念到观念的具体化，本书并非观念先行的产物，有关门的观念是在民居研究中发现问题，进而在实地考察和持续思考中不断调整而逐渐成形的。其间，笔者始终明确的是，要通过门来窥见中国物用思想的形貌，以及群体心态中那些无意识的结构。关于门的提问，每位解题之人可能都会设计出不同的处理方案。在这个意义上，本书只是呈现了一种个人性的解答方式，但仍然希望这些讨论对该论题而言有所贡献，或提供一种思考的线索，或启发更多的研究可能性。

---

1 王树村：《门与门神》，学苑出版社 1994 年版。

2 吴裕成：《中国的门文化》，天津人民出版社 1999 年版。

3 王子今：《门祭与门神崇拜》，陕西人民出版社 2006 年版。

4 ［德］G. 齐美尔：《桥与门——齐美尔随笔集》，涯鸿、宇声等译，生活·读书·新知三联书店上海分店 1991 年版。

5 刘枫：《门当户对：中国建筑·门窗》，辽宁人民出版社 2006

年版。

6 楼庆西：《中国建筑的门文化》，河南科学技术出版社 2001 年版。

7 王其钧：《古雅门户》，重庆出版社 2007 年版。

8 李欣主编：《中国古建筑门饰艺术》，天津大学出版社 2006 年版。

9 郑岩、汪悦进：《庵上坊——口述、文字和图像》，生活·读书·新知三联书店 2008 年版。

10 ［英］马林诺夫斯基：《文化论》，费孝通等译，中国民间文艺出版社 1987 年版，第 14 页。这里同时指出："文化是包括一套工具及一套风俗——人体的或心灵的习惯，它们都是直接的或间接的满足人类的需要。一切文化要素，若是我们的看法是对的，一定都是在活动着，发生作用，而且是有效的。"

11 "文化的真正要素有它相当的永久性，普遍性，及独立性的，是人类活动有组织的体系，就是我们所谓'社会制度'。任何社会制度都针对一根本的需要；在一合作的事务上，和永久地团集着的一群人中，有它特具的一套规律及技术。任何社会制度亦都是建筑在一套物质的基础上，包括环境的一部分及种种文化的设备。"参见［英］马林诺夫斯基《文化论》，费孝通等译，中国民间文艺出版社 1987 年版，第 18 页。

12 该杂志几经改名，1929—1939 年：《经济与社会史年鉴》；1939—1942 年、1945 年：《社会史年鉴》；1942—1944 年：《社会史论丛》；1946—1994 年：《经济、社会与文明年鉴》；1994 年至今：《历史与社会科学年鉴》。该杂志在刊名修饰词的选择上有刻意的考虑，特别是"社会"一词，模糊而宽泛的含义似乎逃脱了种种边界的约束，因而得以体现历史的整体性。

13 ［法］J. 勒高夫：《新史学》，载［法］J. 勒高夫、P. 诺拉、R. 夏蒂埃等主编《新史学》，姚蒙编译，上海译文出版社 1989 年版，第 6—7 页。

14 ［法］J. 勒高夫：《新史学》，载［法］J. 勒高夫、P. 诺拉、R. 夏蒂埃等主编《新史学》，姚蒙编译，上海译文出版社 1989 年版，第 14 页。

15 ［法］米歇尔·伏维尔：《历史学和长时段》，载［法］J. 勒高夫、P. 诺拉、R. 夏蒂埃等主编《新史学》，姚蒙编译，上海译文出版社 1989 年版，第 133 页。

16 ［挪］诺伯舒兹：《场所精神：迈向建筑现象学》，施植明译，华中科技大学出版社 2010 年版，第 22 页。

第一章

时空之门

四川省南充市阆中市阆中古城民居大门屋顶上的中堆，2018。

“建筑不仅是人类全部文化的一个组成部分，而且还是全部文化的高度集中。”[1]很多时候，我们能够从某个地区某个时代的建筑上看到当时社会科技、文化与艺术的面貌。可以说，建筑是一个复杂而多面的集结体，是文化史、艺术史不可忽略的研究对象。民居是中国建筑的重要组成部分，在先民的观念里，生活场所是包含基本的工作场所的，因而住宅在建筑的所有门类中占有最大的比例。然而，宅院毕竟属于私人领域而非公共空间，在规模和投入上都不及宫殿、庙宇等建筑，以致民居在中国建筑史书写中并未占得重要的地位。但是，住宅可以最直接地反映某个时期人们的生活状态，从中能印证许多具体而细微的历史、文化、社会问题，这是以往“帝王将相”史研究中经常忽略的部分。民居及民间社会是反映多数人生活状态的重要场所，也是文化史、社会史视野下的艺术研究非常有价值的出发点。在民居中，大门往往承载着建筑的整体精神，人们会通过门的设计与装饰彰显其主体诉求。在漫长而稳定的中国古代社会，民居之门更是民间信仰与社会文化的重要表征之物。

第一节
演进轨迹

家宅大门，从人类早期藏身之所的出入口，到社会文化中重要的象征之物，其经历了一个漫长而功能日渐丰满的过程。在这个历时性的演进中，门的营造技艺日趋复杂，以此承载越来越丰富的实用作用与文化表征功能。民居建筑是伴随史前定居出现的，原始农业的发展使新石器时期的先民开始在一个地方长期居住下来，在这个阶段，树、岩洞、窝棚……已经不能满足定居的需求，人们需要更为坚固、耐久的住所。在仰韶文化遗址中，那些半地穴式建筑被认为是中国最早的房屋原型。这种半地穴式房屋存续了相当长时间，直至商代早期。实际上穴居式的房屋一直没有间断，今天山西的窑洞，以及河南、陕西、甘肃的地坑院就是例子。（图 1-1）

图 1-1　河南省三门峡市陕州区西张村镇庙上村陕州天井窑院，2019。

在西安半坡房屋遗址中，从考古资料来看，“门道是延伸于屋外的一条窄长狭道，作台阶或斜坡状”[2]。狭窄而较长的出入口，使房屋内外有了一个缓冲的过渡空间，隐蔽而不易发现，防止来自猛兽等难以预料的袭击，保护屋内安全。在这个阶段，人们需要在自然界中获得藏身之所，洞穴是最易寻得的地方，它不需要搭建，稍加改造就能直接使用。此外，这时人对洞口的主要诉求是隐蔽，只要自己及同伴能够进出即可，不希望它引起外界的注意。

原始居住建筑中还有巢居方式，从上古神话得知，从“有巢氏”开始，人类的居住方式有了根本性的改变。《韩非子·五蠹》中说：“上古之世，人民少而禽兽众，人民不胜禽兽虫蛇。有圣人作，构木为巢，以避群害，而民悦之，使王天下，号之曰有巢氏。”早期巢居多出现在炎热多雨的地区，先民也会根据地域、地势及四季变换适时选择“居营窟”或“居缯巢”。但有些巢居不一定在树上，先民们会先抬高地面再搭建巢穴，这已经算得上是后来民居形式的雏形了。人们建屋是为了有一个相对安全的围合空间，但必须有一个开口方便进出，洞穴有天然开口，人们还会用巨石、树枝等物遮挡洞口，而巢居只能人为留出开口，这时，门的意识产生了。从选择天然出入口到筑巢穴时留出缺口，表明先民已开始根据自己的需求去塑造门了。

汤泉沟遗址中，曾有一个“灰坑”，深度及底径都约两米，坑壁上与洞底有小洞，或可从坑壁向下插入横木作为阶梯供人上下，就此推测早期穴居的活动空间多居于地下，而地上建筑则不明显，这样有利于居所隐蔽而起到保障安全的效果。后来，地穴越来越浅，地面建筑开始丰富、复杂起来，证明人们在定居环境中的安全感在增加，与自然的关系也从紧张慢慢走向和睦。

从门的历史来看，它离不开人类围合意识的产生，因为围合之物需要一个出入口，门才有了存在的可能。“原型心理学已建立了容器 = 母亲的公式。和这一象征的原始模型联系在一起的意象是围合、庇护。”[3]围合意识是人寻求自我保护的普遍本能，不仅体现于人类历史的早期阶段，也体现于当代人的内心。比较典型的例子是美国的法裔艺术家路易斯·布尔乔亚的作品，她总是把自己塑造于一个鸟笼状的封闭空间中，以此缓解她的“广场恐惧症”。她的标志性作品形象“大蜘蛛”实际上也是通过“多爪”的肢体为自己围合出一个安全之域。

民居之门正是这个“安全”的围合容器的开口。随着定居生活逐渐稳定，人们对门的要求也在提高，不仅可以出入，还要起到掩护、遮挡的作用。于是，空透的出入口就需要增加隔界物。最初的隔界物是巨石、树枝等现成的自然物，当地面建筑刚开始出现时，门的门限和踏垛较高，为单扇门，并用帘或席遮挡。门帘遮挡不同于巨石、树枝等坚固的隔界物，其意图更多是对内部空间隐私的保护。相对而言，人精神层面的诉求比重在增加。

周代，住宅出入口的门不仅有了门扇，还从单扇增加为双扇，这从西周时期的青铜方鼎上可以看出，且每个门扇分上下两格，门上有门闩，这是板门的最初形式，板门后来被广泛运用于各式门中。

民居大门在传统社会中的规格一般不高，规格高的门多用在宫殿等公共建筑中，但普通宅门会借鉴这些公共建筑大门的造型。春秋战国时代出现了设置在闾里围墙上的“衡门”。《营造法式》中，《诗义》对衡门的解释是：“横一木作门，而上无屋，谓之衡门。”衡门只有木结构，没有屋顶，开在几户人聚居的围合栅栏中。这种门没有实际的防卫、遮蔽效果，用在普通人家虽然较为简陋，却仍然起到了划定私人领域的作用。

板门因其厚实与封闭的特性在大门中运用较多。秦汉之际板门既有单扇的，也有双扇的，有门楣和门限，形式简朴，但门上基本构件都已具备，门扇为实木，门环、门钉、门页辅之。通常用作大门的板门有三种形式：实榻门、攒边门和撒带门。整个门板都一样厚的为实榻门，实榻门是板门中规格最高、体量最大的，常用作宫殿大门，高规格的府邸也会用。实榻门由若干木板拼起来，再用穿带锁合成厚实的实心门板。穿带有两种方式：穿明带与穿暗带。穿明带即用来锁合门板的木带露于门板背面，穿暗带则是在门板拼接处打孔，再用穿带从两端插入孔洞中锁合门板，这样门板正反两面都不显露木带，更显厚重。无论是穿明带还是穿暗带，穿带的数量与位置都是与门钉对应的，这也是门钉在早期大门构造中的功能所在。

另一种在民居大门上用的较多的是棋盘门，也称攒边门。攒边门将门板四周攒起较厚的外框，其形如棋盘，体量比实榻门小巧很多，多用于普通府院。攒边门的门心板做法与实榻门大致相同，但比实榻门多了边框，外框有时与门心板厚度一致，有时门心板会凹于外框。撒带门体量较实榻门与棋盘门更小，且更为轻薄。其门板只在与门边相交的那一端做攒边，其余三面没有攒边，比棋盘门少了外框，多用于街门、店门及村舍人家的大门。从板门的这些类型来看，人们已经根据建筑物的重要性及等级设计不同体量的大门，营造技术的复杂程度与大门的等级密切相关。

隋唐时政治经济的高度发展使板门的形制趋于成熟、稳定，门框有彩绘，门扇漆为红色，其上有门钉、铺首、门页等。除此之外，门开始注重装饰，厚实而单调的门板已经不能满足人们的审美需求，门上的造型开始有了变化。但这些更为繁复的造型技术多是运用在宅院内部的门上。如唐末出现的格子门，明清时称为槅扇门，它们主要起分隔空间与遮挡视线的作用，灵动的雕饰正好可以达到这样的效果，同时又增加了审美意蕴。

宋代张择端的《清明上河图》中已经出现了各种样式的门，明清时期门的类型更加丰富，形制技艺及装饰手法都达到了前所未有的高度，很多门已成定制。家宅大门由于安全防卫的需求，一般仍用不透光的板门，宅院内部的门的装饰会更为复杂、考究，但从这些富于雕饰的门中，我们可以看到门的发展走向了成熟。另外，民居大门有时还会借鉴宫殿大门的造型，以此提高家宅的地位。在传统社会，大门的结构也用来象征家族财力及门第高低。从门的结构上看，家宅大门一般有两种类型：第一种是随墙门，即大门随墙而开，形制较为简陋；第二种是屋宇式大门，取倒座房中的一间为门，门成了门屋，这些都与宅主人的经济实力与社会地位有关。屋宇式大门的规格又有高低之分，成了官位等级的标志，说明大门在实用、审美功能之外，还有表意的功能。

中国民居之门由天然洞穴开始，从单扇门到双扇门，从无遮挡物、利用自然遮挡物、人造替代物到严实的门板，从附庸于墙体到成为独立的门屋，门的功能在逐步扩展，从防卫庇护到身份象征，门在实用的基础上已经成为精美绝伦的艺术品。在门的发展史中，从秦汉的古拙简朴到隋唐的大气华贵，再到明清的极致富丽，民居之门已经达到了高度的成熟。在这个过程中，它一方面传递着传统社会的礼制秩序，另一方面透露着百姓通过物进行表意的习惯。

在门的营造技艺逐渐发展完备的同时，门上的文化意义也在不断地生产着。从屋顶类型、门扇位置、门板颜色、门钉数量、门墩造型、影壁题材……到门上附加的春联、年画、匾额、八卦镜、柳枝……这些都标志着门已经在完成实用功能的基础上进入了更为丰富的文化系统中。在这个系统中，门增加了许多作为出入口之外的功能，这源于人与日俱增的需求，包括生活习惯、精神思想甚至社会结构。到这里，门不再是一个纯粹实用层面的物质存在，它已经融入了中国传统社会的民间文化当中。本书的研究对象就是这个文化中的门。（图 1-2、1-3）

图 1-2　北京市东四六条 65 号民居大门，2016。

图 1-3　山西省临汾市襄汾县丁村第一院大门，2019。

第二节
营造结构与视觉法式

一、营造结构：单体房屋的类比

由于建造材料和技术上的稳定性，中国传统木建筑在基本结构上也体现出异常明确的稳定性。它以椽—檩—梁—柱这一木框架为主要承重体，从垂直维度可清晰地“三分”为屋顶、柱（墙）、台基三个部分。宫殿、官府、寺庙、民宅等建筑都以这样的单体房屋为基础，在平面或立面（如楼阁式塔）上进行排列、组合，进而衍生出更为复杂的建筑群。

这一稳定的单体房屋结构几乎贯穿于中国文明史的全部历程，于是它顺理成章地成为人们视觉思维的重要素材。例如，考虑到雨水下流的需要，人们发展出双坡屋顶。从侧面看它是一个“人”字形，从正面能够看见脊檩、中堆及两侧装饰，以此为“象形”发展出了偏旁部首“宀”。这个屋顶又被人们看作“天”的隐喻，以“宀”为基础造出“宇”“宙”等字。

自然地，当建造其他建筑功能体时，人们也常常以此单体房屋原型为基础进行发挥，门即是如此。从类型上看，传统民居之门可分为屋宇式大门及随墙门两类。屋宇式大门以独立房屋的结构承载门的使用功能，它可以被理解为一个微缩版的单体房屋，几乎包含了后者的所有结构。随墙门较为简单，在外墙上用可开阖的单扇或双扇门板提供出入的灵动空间。与屋宇式大门相比，随墙门自身只是一个空间进出口，自身并无内部空间供人逗留或储物。但即使结构如此简单，也常常被人们建造出屋顶和台

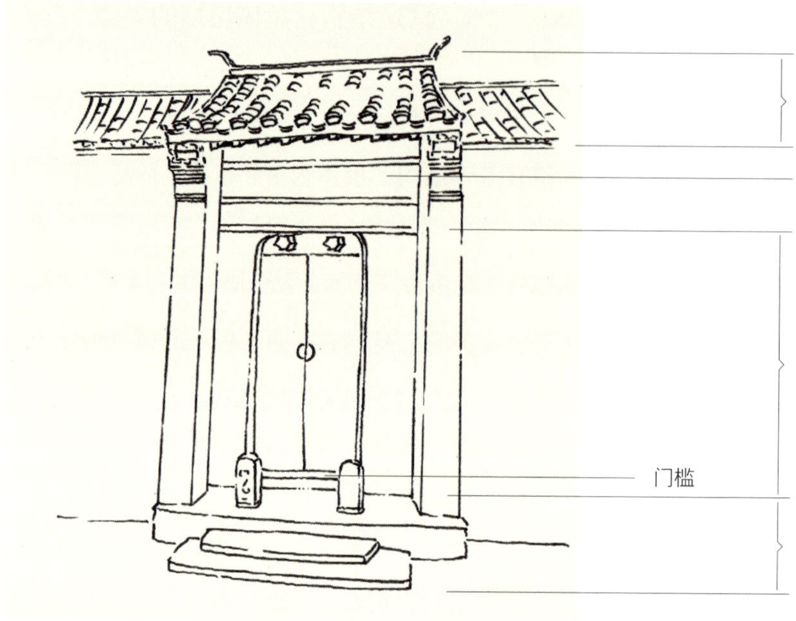

图 1-4　民居之门（如意门）主要结构名称图，根据北京市福祥胡同 19 号绘，2016。

基，或以装饰带暗示屋顶的存在，以此保持着立面的“整体性”。由此，随墙门也可以被理解为一个平面化的单体房屋。

以下从立面的视角，对门的完整结构：屋顶、门墙、台基进行阐述。（图 1-4）

（一）屋　顶

通常情况下，从最上端开始，民居的屋顶与天际平行，平和地相融于天空。两侧的飞檐虽产生了强烈的动势，但并未像哥特式建筑的尖顶那样直冲云霄，而是委婉缓慢，避免冲突之感。“柔和壮丽”，是梁思成对中国古建筑屋顶最贴切的赞誉[4]，它们没有生硬的边角及突然的转折，层层梁椽经“举折”“举架”[5]之法慢慢托起坡面，延展脊端，舒缓的线条非造作而是遵从于结构的秩序。平远对称的结体，柔美中不失堂皇，使一切权力与华贵均可寄望于这气势撼人的冠冕之上。

如图 1–4、1–5 所见，普通民居中最常见的屋顶是硬山式，其前后两面斜坡，交汇于屋顶最高处，形成正脊。从屋顶的最高处开始，左右两侧砌垂直于地面的山墙，正面望之，屋顶方正，且并未有突出山墙的部分。前后两坡的屋顶还有悬山式（图 1–6），它的特点在于两坡左右均挑出山墙之外，屋顶从正面看似悬于空中一般，因此称为“悬山”屋顶。古代重要的建筑会使用更复杂的屋顶，如四面坡的庑殿式屋顶（图 1–7）[6] 与歇山式屋顶（图 1–8）[7]，或形成“重檐”之势，如重檐庑殿顶、重檐歇山顶，这些复杂的屋顶多用于宫殿，大多数官民宅邸大门用单檐屋顶。

此外，大门上的装饰通常来源于对每一个结构细部的智慧性处理。屋顶坡面上，民间普遍用青瓦。青瓦有不同类型，仰瓦为版瓦，覆瓦为筒瓦的称为筒瓦屋顶；仰瓦与覆瓦均为版瓦的屋顶为合瓦屋顶；完全用版瓦凹面仰上铺设的屋顶为干搓瓦屋顶。图 1–4 中，青色的版瓦从正脊到檐端一块块覆扣在仰瓦上，形成合瓦屋顶，最外端那块覆在瓦上的瓦头，就是“瓦当”，而檐口仰瓦上的那块向下的瓦头即为“滴水”，滴水的设置是为了方便排泄屋顶的雨水，保护屋顶下面的房屋结构。古人会通过瓦当上的装饰进行记事，有的还在瓦当上刻写建筑物的名称，或刻绘吉祥文字及具有象征意义的图案。

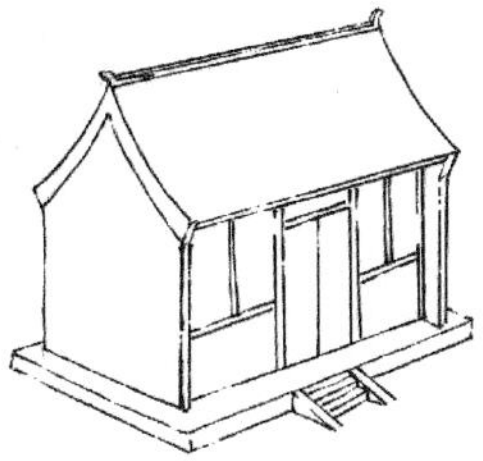

图 1–5　硬山顶

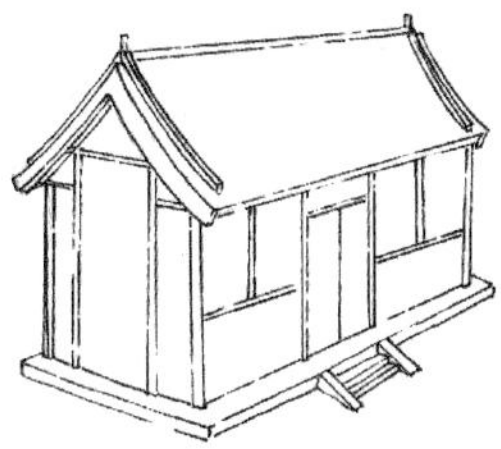

图 1–6　悬山顶

图 1–7　庑殿顶

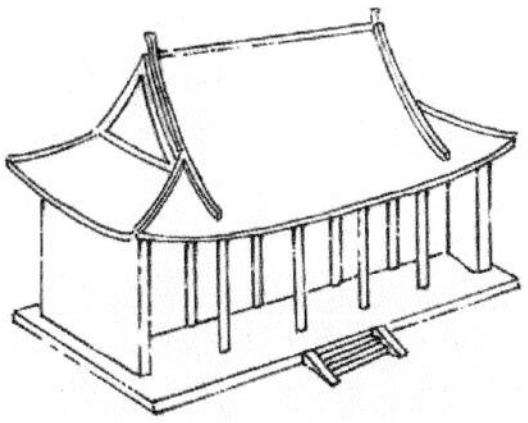

图 1–8　歇山顶

（二）门 墙

门墙所建构的区域明确了人的通行空间，这里指向了人的活动，具有世俗性。如图 1-4 所示，古朴的门扇由框槛包围起来，门扇上端有两颗门簪，门簪向上的部分是门楣，门扇下端的横木是门槛，门槛两边还有门墩，这些都是固定的，门扇是门墙中唯一可以活动的部分。从门的起源可知，门最初是没有门扇的，只是一个空透的洞口，这个洞口其实就是大门结构中，那个除掉门扇的框架原型，也是门的原型。从这个原型对照如今的民居大门，其实就是由门楣、门柱与门槛连接而成的界面，三者共同构成门界中最关键的三个部分，也是门之为门不可或缺的部分。

首先，“门楣”在屋顶下方，门扇上方，连接着屋顶与大门，使两个部分之间有了过渡与缓冲。这个位置稍高于人的视平线，来人远远望去，视线很容易投注的地方就是门楣的位置，许多居宅的门楣处会挂上书写家训的匾额，或是悬挂逢凶化吉的表征物，用以纳吉镇宅。于是，这个地方最能显示出一个家族的追求与趣味。当一个人给家人带来了荣耀，可以为家族争光，人们就会说他“光耀门楣”。门楣不仅是一座宅院的标志，甚至是一个家族的象征。

在古建筑的营造中，房屋承重的不是墙壁，而是柱子，房屋不在乎是否用厚实的墙壁来承载重量，而是用它遮挡和划分空间。图 1-4 中的门也是如此，只是原初固定大门位置的门柱变成了砖墙。在北京遗存的清代民居中，门扇安在不同的门柱间，所表

图 1-9　广亮大门，根据北京市东四六条 65 号民居大门绘，2016。

图 1–10　金柱大门，根据北京市福祥胡同民居大门绘，2016。

图 1–11　蛮子门，根据北京市炒豆胡同 39 号民居大门绘，2016。

征的宅主地位也是不一样的。在屋宇式大门的等级中，从广亮大门（图 1–9）、金柱大门（图 1–10）、蛮子门（图 1–11）至如意门（图 1–4）规格逐级降低，它们都是取倒座房中的一间为大门，而最大的区别在于，广亮大门的门扇安在中柱之间，金柱大门的门扇安在中柱朝向外侧的金柱之间，蛮子门的门扇则再向外移动，安在金柱外侧的檐柱之间，而如意门是在檐柱间砌砖墙、开门洞、安门扇，门上两侧有如意形状的雕饰，所以称为“如意门”。可见，门扇的位置从中柱间渐渐推至外侧的檐柱间，也成了体现等级秩序的一种方式。如果门楣可以寄托家宅的吉凶祸福，那么门柱就象征着人在世俗世界的地位与阶层，安门位置、间架数量，都是宅主身份的标志。

门槛作为地上的一条横木，原来的功能是为了遮挡风尘、雨水或爬虫，但在传统社会不断发展的过程中，门槛作为私人领域界限的意义越来越明显。伴随着身体迈过门槛的动作，使人对这个边界的知觉感受更为强烈，提醒人们正在从一个空间进入另一个空间，门槛成了门这个界限中最有代表性的部分。此外，门槛对于家宅大门来说也是富有神圣意义的，《论语・乡党》中说“立不中门，行不履阈”，就体现了门在文化与礼教中都是人敬畏的对象。门作为一个隔界，构成其意义的三个主要构件就是门楣、门柱及门槛。门楣在上，为一家之代表；门柱在中间，控制着尺度；门槛在下，划定了界域。它们在上、中、下三个维度围成了供人出入的开口，分别又在不同的文化意义中界定着一个建筑空间，缺一不可。

（三）台　基

在民居中，房屋往往要建在高于平地的台基上。台基一般用砖石砌成，工匠们发展出了龟背锦、筛子底、人字纹、八字面、褥子面等复杂多变的砖石排列方式。它一方面为木柱、墙提供了坚实的基础，另一方面避免外部及地下水对生活空间的侵扰。此外，考虑到排水及院内房屋的安排，民居的台基往往会依照正房（大门）—厢房—院内地面—院外胡同地面等几个水平从高到低地安排台基的高度。这样，院内的雨水也会因为高低落差向外流出。

由于礼制原因，民居被禁止使用威严繁复的须弥座，但社会地位较高的人家仍然通过抬高大门台基的方式来提升入口的水平线。由此，从外入内需要经过几步台阶方可进门。很多大门的台基高度甚至与院内最重要的正房齐平。台基还能起到承托屋身的作用，这样的安排在视觉上也使得整个建筑上下对应，不致因为上部屋顶硕大而“头重脚轻”。

二、视觉法式：三分法与边界加强

所谓视觉法式，即视觉层面的法度、标准格式。古代建筑由于技术演进缓慢，因而建筑法式具有相对的稳定性。人们使用木、石、砖、瓦等材料，以既有法式为“模范”建造大门。门的法式在历史进程中形成，从宏观到微观，从显而易见到潜移默化，它既由视觉习惯所影响，也由文化观念所制约。它涉及的内容非常丰富，难以一言以蔽之，这里从三分法与边界加强两个最为常见的视觉法式谈起。

（一）三分法

三分法常常被直观地表述为“A—B—A”原则，即以中间部分为轴，两边或上下部分可以基本对称。如上文谈到的“屋顶—门墙—台基”，这个清晰的三分法模式不仅被运用于单体房屋中，也被运用于民居之门的建造中。即使是简单的随墙门，往往也会建造或者暗示出屋顶、台基的位置。例如，某些随墙门顶部并无挑出挡雨的檐部，但仍在顶部建造一个女儿墙或朝天栏杆结构。又如，某些随墙门在顶部用青瓦交织出一个装饰带或在顶部的墙面上使用砖雕的方式来暗示屋顶结构的存在，以此保证三分法的完整性。（图 1–12）台基并非大门中不可缺少的功能结构。某些级别较低的民宅大门常常会省去台基的建造，以门槛代替台基所具备的阻挡积水入宅的作用。但是，为了维护法式上的完整性，即使对于舍去建造台基的家宅来说，也常常通过制作线脚、增厚墙脚、改变颜色的办法在视觉上暗示台基这一结构的存在。从水平维度看，三分法原则体现得更为明显，只是由于左右对称的方式太过严格，人们往往喜欢使用“对称”的修辞来表述它。例如我们可以清晰地看到“左蝎尾—中堆—右蝎尾”“左门墩—门槛—右门墩”“左联—横批—右联”“左戗檐—门楣—右戗檐”等呈现方式。（图 1–13、1–14）

图 1–12　北京市福祥胡同某民居随墙门顶部对屋顶的暗示性处理，2016。

三分法在传统建筑法式中如此重要，是因为它符合人们追求平衡的基本思维方式。无论是音乐、戏曲，或是文学，三分法都普遍而顽强地存在着。它可以以其他的话语被表述出来，如开始—高潮—结束，立论—论述—总结等表述方式。这一视觉法式不仅存在于中国建筑中，也常常存在于其他地区的建筑中。它最终体现为视知觉的和谐、平衡，成为传统视觉文化中“完整”的基本原型。完形心理学认为人的视知觉倾向于以“完形”的方式来把握对象，这样的“A—B—A”结构则在历史维度中被积淀

图 1-13　山西省临汾市襄汾县丁村第一院大门呈现的“左门墩—门槛—右门墩”等“三分法”视觉法式，2019。

图 1-14　山西省临汾市襄汾县丁村第 1 号院大门，清晰地呈现出水平方向的“三分法”视觉法式，2019。

这里从左至右的视觉元素有左檐柱、左门墙、左门墩、门槛、右门墩、右门墙、右檐柱，衍生出多种“三分法”可能性：“左檐柱、左门墙—左门墩、门槛、右门墩—右门墙、右檐柱”，或“左檐柱—左门墙、左门墩、门槛、右门墩、右门墙—右檐柱”，等等。

四季平安
170
85
事如意满門財

图 1-15　福建省泉州市南安市官桥镇漳里村（泉州蔡氏古民居）民居大门，2018。
“边界加强”方式中，广东、福建等地民居大门对檐部边界优美的弧形出挑让人印象深刻。

图 1-16 广东省梅州市大埔县西河镇车龙坪村某民居大门，2018。
大门的边界通过凸出、挑出等方式围合出一个清晰的“边框”。

为一种“完形”，即使某一个单位并不具有功能角度的存在价值，建造者也往往以某些视觉手法暗示出它的“角色”，以此补足这个“完形”。

（二）边界加强

除了“三分法”外，中国民居之门还有一个常见的视觉法式是“边界加强”，即大门的边界位置会被有意地强化，看起来就像为其量身定做了一个边框。主要的强化方式有凸出、增厚、挑出、造像、雕花、制作线脚，等等。（图 1-15）对于构造简单的门而言，门扇被门上槛、门框、门下槛围合而成，后者以“凸出”“增厚”的方式对边界进行视觉加强。（图 1-16）此外门底部两侧的门墩则以造像的方式对门槛这一底部水平线进行了边界加强。（图1-17、1-18）在西南地区，经济条件较好的人家常常会雕凿出一个石头门套对木质门扇进行包裹，这种形制一方面出于功能考虑，另一方面也的确形成了视觉上的“边框”效果。屋宇式大门的“边界加强”更为明显，它的整体结构由一个更为复杂的边框所围合：正脊（左吻饰—中堆—右吻饰）—左边椽—左盘头—左门墙—台基—右门墙—右盘头—右边椽。（图1-19）对于部分屋宇式大门而言，其顶部天际线的两边同样以造像或挑出的方式加以强化，即人们常说的蝎子尾或吻饰。例如，在北京民居中，人们大多会花很多工夫来装饰两侧的盘头。盘头是

图1-17、1-18　山西省临汾市襄汾县丁村第1号院门墩，2019。它们对于门扇底部的门槛起到“边界加强”的视觉作用。

图 1-19　北京市兴华胡同 13 号民居大门，“正脊（左吻饰—中堆—右吻饰）—左边椽—左盘头—左门墙—台基—右门墙—右盘头—右边椽”清晰地围合出一个视觉边界，2016。

一个颇为复杂的结构，严格说来它依次由戗檐、拔檐、枭、炉口、混与荷叶墩构成。其中，戗檐、拔檐往往使用装饰非常复杂的砖雕，布置着菊花、茨菇、葫芦藤蔓、荷叶、梅花、鹿等吉祥图像，其下的枭、炉口、混则为线脚装饰。再往下的左侧门墙上部，仍然是装饰复杂的荷叶墩及垫花。作为屋顶与两侧屋墙的过渡带，如此复杂的装饰一方面强化着门屋的边界，另一方面也成为复杂的屋顶与较为单调的侧墙的过渡部分。（图 1–20、1–21）

那么，这一视觉法式是否可以找到更为深层的原因？

依靠外部轮廓来“框定”客体，实际上是一个

图 1–20、1–21　北京市板厂胡同 9 号民居大门两侧的盘头，2019。

普遍的心理现象。因为视觉的“完形”往往需要一个清晰的边界来厘清，否则人对空间的把握将处于“手足无措”的状态。这一现象让人联想到瑞士艺术史家沃尔夫林对盛期文艺复兴时代视觉艺术中“线描性”及“封闭性”特征的归纳。在绘画中，艺术家依靠轮廓线来造型，以轮廓线围合出一个封闭的形象。此外，构想出一个方形、圆形或椭圆形的边框，以此为边界严格地对艺术形象进行构思、安排，保证它们都被完整、有秩序地容纳。在建筑中，中心建筑与周边建筑保持清晰的界限，而不是含糊不清地交融在一起。他所说的封闭性原则，实际上正是一种边界加强的思维方式：边界在视觉构图中起到了基本框架的作用。

具体到中国传统文化而言，中国的视觉艺术一直保持着对边界的重视。例如，中国绘画从成熟以来，除了近代大写意及泼墨山水画以外，似乎一直保持着对“线描性”的重视。人们习惯于用笔“勾勒”出物象的轮廓线，然后再对其进行着色或晕染。如“用笔紧劲，如屈铁盘丝”“勾斫之法”“左勾右勒”等都是这种绘画方式的直观表述。当然，图像的心理和文化渊源极为复杂，它难以用简单的“撞球”理论来进行一元化的因果分析。例如，民居之门被“边界加强”，除了体现出人们对完形的“把握”诉求外，或许也与安全感的诉求相关。正如上文对“围合”意识所做的分析，围墙在建筑“水平面”上具有围合性，门则在建筑“立面”上具有围合性。门之边界的强化会在视觉上产生更为“坚固”的错觉。门作为家与外部世界的隔界，这种坚固感自然地会和心理上的安全感联系在一起。

---

1 李允鉌：《华夏意匠：中国古典建筑设计原理分析》，天津大学出版社 2014 年版，第 17 页。

2 中国科学院考古研究所编：《新中国的考古收获》，文物出版社 2005 年版，第 8 页。

3 文一峰、吴庆洲：《“门”之文化沉思——从器物、符号到意象》，《华中建筑》2011 年第 6 期。

4 梁思成：《中国建筑史》，生活·读书·新知三联书店 2011

年版，第 5 页。

5 中国古建筑的屋顶之所以呈现中间平缓而末端“翼角飞椽”的曲线，是因为古代营造技艺为此规定了明确的制度。宋代《营造法式》称其为“举折之制”，先根据房屋的深度将脊槫（即脊檩）举到规定的高度，然后再折出下面檩子的位置。确定好脊槫的高度后，从脊槫背向下至橑檐枋背取平，脊檩下面的第一根檩从取平线下降屋顶高度（举高）的 1/10，从这第一槫缝再取平，第二根檩从新的取平线下降屋顶高度的 1/20，余下按此类推，第三根下降 1/40，第四根下降 1/80……于是呈现出举折之制特有的曲面。而清代《工程做法则例》中的规定与宋代《营造法式》不同，宋代是先举后折，而清代反之，称为“举架出檐法”。《工程做法则例》将房屋平均分为若干个“一步架”，架在宋代称为“椽”，一步架之间安檩。檩与檩之间的距离是相等的，通过高度的递增来托起每一根檩，直至脊檩（清代叫“脊桁”）。从檐檩开始，以一步架即檩与檩的距离为定值，第二根檩的举起高度为一步架的 0.5 倍，第二根为一步架的 0.65 倍，第三根为一步架的 0.75 倍，最高处为一步架的 0.9 倍，也有 0.5 倍、0.7 倍、0.9 倍，以房屋深度而定。我国古建筑的屋顶基本是按照宋、清这两部营造制度来建的，遂形成中国特有的屋顶之形。

6 庑殿式屋顶前后、左右四面斜坡，屋顶正脊仍为前后两坡交汇而成，左右两面斜坡与前后两坡相交形成四条屋脊，形成四坡、五脊。

7 歇山式屋顶有上、下两层，上面是悬山式屋顶，下接庑殿式屋顶。屋顶最高处为正脊，前后两坡形成四条垂脊，下面庑殿式四面坡斜向形成四条戗脊，共九条脊，歇山式是这四种屋顶中形式最复杂的屋顶。

第二章
门的空间基础与文化功能结构

宅内视野下的民居大门，安徽省黄山市黟县西递镇西递村民居，2015。

对于一物，不论是一船，一杖，一器，除非能充分了解它在技术上，经济上，社会上，及仪式上的用处，我们不能获得关于它全部的知识。[1]

——马林诺夫斯基

研究民居之门，必须在它的社会功能中展开，我们才可以拥有“获得关于它全部知识”的前提。这是功能学派的立场。建筑现象学将现象学引入建筑学领域，突破了传统哲学及建筑学的逻各斯中心主义，强调“直观”视域下人与世界的关系。如果说功能学派强调的是门与人的生活环节之间的关系，那么在建筑现象学那里，门除了相关于人的日常生活，它作为建筑的一部分还显现了人对世界的体认，前者偏重人与社会，后者偏重人与自然。这里将从门与场所的关系出发，讨论隶属于建筑物的门与环境的关系；进而从门的空间属性，分析其文化功能的结构。

第一节
场所中的门

什么是场所？它是世界向人显现的、人可以感知到的特性，它以整体的面貌被我们直观。诺伯舒兹对场所的解释是："我们所指的是由具有物质的本质、形态、质感及颜色的具体的物所组成的一个整体。这些物的总和决定了一种'环境的特性'，亦即场所的本质。"[2] 场所可以看作整体中所有物的特性的集中显现，它呈现为一种气氛，充当所有存在物的背景。当某些物集结在一起的时候，它们的意义就表现为它们集结的意图，这个意图为场所的特性奠定了基础。

门既可以充当自然场所与人为场所的边界，也可以在人为场所内部为宅主明确私域的范围。在不同的门界环境中，都存在着场所精神，即在不同事物共存的状态中所呈现出的总体的地域、文化特征。另外，门作为建筑物中一个非常有代表性的部分，也有着包被与集结的特征，能够典型地体现出建筑与环境的关系。

一、自然场所与人为场所

门作为建筑物中极为重要的边界，在场所与建筑的关系中具有代表性的意义，如人对自然的感知、对定居的认识……这些是研究民居之门最基本的出发点。场所指的是一个整体，一个具体环境，里面包括自然、人及建筑。本节所划分的自然场所与人为场所，其实是指在某个特定的场所中自然的部分与人造的部分，涉及的是这二者间的关系，强调其整体性。

门是我们所处世界中的一个“现象”，在理解这个现象的时候，我们有必要回到它的类属层面进行判断。门属于居所的一部分，居所的选择包含了人们对“定居”的认识，人们会在一个有利于自己生存、生产的地方建屋造宅。“人要定居下来，他必须在环境中能辨认方向并与环境认同。”[3] 在广袤的地景之上，苍穹之下，人找到可以依凭的方向感很重要，同时，我们能体认自然世界的某处能给我们安稳、友善及充满生机的意向，人才会在此地定居下来。门，以及民居，都不是一个偶然的、独立的存在，而是定居场所中的一个组成部分。每一处民居所在的场所都包含着不同的文化习俗和环境条件，从择址定居、选材设计到陈设装饰，都遵循着这个初始的意图，通过后人的不断调适与丰富，这个场所的特性得以延续或被改变。

人对场所的体认，是从感知出发的。在场所的“一般性”里面有一个普遍的结构：内部与外部。建筑围合起来的是人建造的场所，为内部世界；在建筑体之外还有人可以感知的外部世界，它可能是纯粹自然的场所，也可能是一个包含着自然与人的综合世界。在内部与外部的临界点上，人设立了一扇门，将内部与外部隔开，诺伯舒兹在对特拉克（Georg Trakl）的诗[4]的分析中，也指出了门的这一功能：

居住在房子里因而意味在世上定居。不过这种定居并没有那么简单，必须在黑暗的路上摸索。同时门槛把内部和外部隔开，说明“差异性”（otherness）和清楚的意义间的“缝隙”，使得苦痛具体地表达出来“变成碑石”。因此在门槛中，居住的问题便占据主宰的地位。[5]

门的设立提示了内外两个空间的关系，除了分隔内部世界与外部世界，它本身还是场所精神的显现。除了具体的标志性构件，某些图像也往往象征了这一场所的主要特性，有关于整个建筑物集结的意图，并彰显了这个场所中那些较为稳定的文化思想。

构成一个场所的建筑群的特性，经常浓缩在具有特性的装饰主题（motifs）中，如特殊形态的窗、门及屋顶。这些装饰主题可能成为“传统的元素”，可以将场所的特性转换到另一个场所。因此特性和空间在边界结合在一起……[6]

对于民居之门来说，场所不只体现在人与自然共同营造的整体性，对于一座宅院来说，大门外部的场所不一定就是广袤的自然，而多是相似的居宅、村舍、聚落。在这个意义上，场所的关系从人与自然的临界点上移到了人为场所之内，也就是我们的社会空间。在这里，人们依然要面对定居的问题，要对这个地方有认同感，包括聚居在这里的人群。一座宅邸的门界内外划分的是私人领域与公共空间，作为私人空间中的人，他的意识作用于外部社会，认识外部社会的同时也是在进行自我定位。人们希望家宅大门要从聚落中分隔出什么？体现出什么？这些都会在门的营造中有所体现。处于人为场所中的民居之门，它作为界限呈现着内外双方的差异性，体现着宅主人对私人领域和公共领域的体认。因此，我们对民居之门的研究也要放在场所中去进行，这是一个更大的、凌驾于内外之上的总体性视角。由此来看，门不仅体现着一所宅院与外界的关系，它也是整体场所中一个微小的，却又至关重要的枢纽，它为场所精神服务。

二、包被与集结

在场所中，对空间进行包被，对世界的体认进行集结是民居的两个基本特性，门亦如此。人为空间从边界开始，与外部世界区隔开来，同时边界决定了内部世界对外部世界封闭与开放的程度。在场所的结构中，空间分为扩展和包被，从边界开始，扩展从分界线向外部蔓延；包被是从边界向人的内部空间进行围合。人的居所正是起源于人的围合意识，例如北方的四合院式民居采用的就是由四面墙屋垂直交合起来的包被方式，南方的圆形土楼对于包被的体现更为直接。这种土楼，或是围屋，一般由客家人所建。客家人起源于中原一带的汉族，迫于黄河流域的连年征战而渡江南迁，后来主要定居于江西、福建及广东北部。在这个过程中，客家人流离失所、饱受磨难，因而非常注重本家人的聚居，这样有利于他们在每个陌生的环境中同心协力走出困境。土楼就是在这样的情况下出现的，它尤其强调防御性以至于成了典型的城堡式住宅。以福建的振成楼（图2-1、2-2）为例，这座土楼有四层，围合成两个同心圆，圆心中间有一个大的庭院，两个同心环之间为走廊与天井。第一层为厨房和就餐区域，第二层是粮仓，一、二层的门窗都朝向内部庭院，三、四层是卧室。对外部世界开放程度的谨慎把握说明客家人对安全感的强烈诉求，以及极高的防卫意识。从这种圆形古堡式建筑中能看到史前人类住宅遗址的原型，以圆形来实现空间围合的方式在人类产生之初就已经开始了。在各地民居中，围合的方式很多：

图 2-1　福建省龙岩市永定区湖坑镇洪坑村振成楼外景，2019。

图 2-2　福建省龙岩市永定区湖坑镇洪坑村振成楼内景，2019。

圆形、方形，如北方的合院，都能体现围合的意识。（图 2-3、2-4、2-5）

从空间上看，围合的墙体是内部世界与外部世界交汇的临界线，是人为构筑的包被物。而门，隶属于墙体，处于隔界之中，更为特殊：它是包被物上的开口，控制着内部和外部的亲疏程度，所有的对立与交融都投射在这个界限的结点上。它不仅明确立定了人为场所的界限，且比其他包被部分更注重内部世界与外部世界的关系，以及自身以何种形式、面貌面向外部世界，从这一点来说，在人为场所中，它更能代表场所的精神和特性。

另外，门和建筑的其他部分一样，也是一种集结。我们知道，人们选择在某处定居下来，一定是因为此地有明晰的特征及秩序可以被人体认，因为能够把握而决定定居。同时，在一个更漫长的过程中，人们熟悉环境中的各个因素，能够在这里感受到认同感和归属感。人们定居之后，会集结世界把它具体化为“物”或建筑物。集结是人把对世界的体认，通过具体的形式，转化为真实可感的对象。整体的人为场所其实就是人的创作，门也不例外。门也是对世界、对环境的集结，当我们去看一扇门，我们会看到它对自然及人文的显现，这包含了主体对外部世界的认识及应对态度，也包括了体认之后对自我生活的规划和祈愿。

我们思考一扇门的功能，不仅要看到它供人出入的开阖之用，还要追问这扇门为什么会设在宅院的这个位置？为什么门的位置、颜色、门钉有差异？

图 2-3　江西省赣州市龙南县关西镇新围村关西新围，2018。

那些精致的雕饰、彩绘有何寓意？门上为什么会挂八卦图和镜子……门的这些样貌不正是出于人对自然、对社会的体认？或许在某种程度上，我们可以说，人把自己存在于世的体认集结在了门上。当然，这并非人存在于世的全部体认，但它的确是一个有着丰富性、复杂性、代表性的集结对象。

图2-4　福建省三明市永安市槐南镇洋头村安贞堡，2018。

作为人的创造物，并能更全面反映场所特性的民居之门，包被与集结是它的两个基本特征。在这两个特征中，都存在着内部世界与外部世界的关系问题。关于包被，门体现着内外的差异与交通，而门的集结一方面显现着外部世界，另一方面又包含人的自我意识。然而在一扇具体的门上，除了人与自然的关系，还包含着人与人的关系。时间在此经

久地流淌，人们一代代留下的习俗，成了一个地区特定的人文景观；那些守护它们的物质印迹，同样沉淀在场所的精神之中，也在新的生命行进中被继承与守护。

图2-5 山西省晋中市灵石县静升镇王家大院，2014。

第二节
门的空间属性

门作为围合空间中面向广阔世界的开口，非常能体现人与自然、人与人之间的关系。对人来说，自然环境是永恒的参照系，是人们认识世界及自身最重要的比拟对象。人们会模仿其结构等特征建造房屋；补充环境中缺少而生活中又必需的部分；抽象出特定自然环境中某种普遍的形式，去象征这里的场所精神……所以探讨门的实际功能时，首先要从它的空间属性开始，即空透与闭合。它们是门开与阖的动态结果，承载着连通或分隔内外的空间功能，进而满足了人们出入与防卫的需求。

一、开：空透

开门，空间空透，连通内外，供人出入。

建筑物的产生与人自我意识的产生有关，人在认识自然的时候，自我的主体想象也随之产生。人们意识到自己需要一个围合空间以分隔于自然，来获得相对安全的领地。但是这个围合空间也需要一个通向广阔世界的开口，正如史前人类选择天然洞穴一样，这个开口必须是一个空透之物。所以，空透是门作为一种空间形态的存在状态，是门最首要的空间属性。正如老子《道德经》里说的“有之以为利，无之以为用”，门的界框是为了给人空间上的提示，进而利于门空透可用。（图 2–6）

门的可用，是对于一个具体的空间场所而言的。因为门的空透，当它立于空间之中，它才可以连通内外。连通是人的诉求，当我们敞开大门的时候，体现的就是门在这个方面的属性及功能。连通可以使两个不同意义的空间发生关系，人的定居需要包被，但定居也来源于人对某处的认同，门在场所中的可连通性体现的正是人定居的愿望。

门能连通不同空间领域，人就可以出入，能够从一个空间进入另一个空间。出入是一个行为过程，具有时间性，因而也决定了门的空间深度，即空透的厚度。如果门只是一个门板的厚度，出入就是一个跨步的距离。但是，人们认识到空间的转换不只涉及人的身体活动，伴随身体的移动，人的心理也跟着起了波澜。在民间建宅的实例中，很多民居大

图2-6　广东省梅州市梅县区南口镇侨乡村南华又庐。大门开启，“远瞻”的视线打破了“内—外”空间界限，2018。

门没有停留在随墙而开，而是把门建成了独立的门屋，门也从一扇隔界演化成了沟通内外的中介空间、过渡区域。人经过门屋这个中介区域时在空间、行为、感知的过渡中从外部世界进入内部世界，或从内部世界迈向外部世界，人的身体知觉惯性在空间的转换中得到缓冲、调试，迎接逐渐接近的新空间。

很多时候，我们仅关注对建筑视觉层面的感受，身体的其他感官往往被忽视。但在整个出入过程中，视知觉不是独立存在的，因为和眼睛一起进入建筑的还有身体。对建筑的感受，除了视觉带来的轮廓、色彩等信息外，其他感官也在和建筑发生互动，唤起各种感官记忆，使以往的经验参与到对眼下这座建筑的知觉判断中，它们共同与建筑发生互动。正如梅洛－庞蒂所认识的那样，身体是灵与肉的统一，它们总是共同发挥作用，而非二元独立存在。一方面，建筑会给人发出引导的信号，而身体的感受或追随，或拒绝，都是“主体—身体”的感知与判断；另一方面，建筑也通过人的运动体现它的意义与功能。

这里以山西王家大院的西宅大门为例（图 2–7），描述人在对门穿行过程中所体验到的“空透”的空间属性。高挂的灯笼衬托出向上高耸的檐柱及屋顶，人站在台阶下，视线自然上移，呈现为一种仰视的状态，与宅主人的自我定位与心理预期有关。门两侧精美的墙雕十分夺目，人们的视线左右游视这两幅画，也提示了这是一座面阔三间的门屋。相对于在横向水平维度上宽敞阔气的大门而言，高高的台基使得大门的入口因为透视原因显得窄小。尽管大门是“开”着的，但人们仍然难以在阶梯下完全体会到“空透”的空间属性。斜向上方的视线或许只能透过大门望到门屋内部上方，望到小部分的第一进内部空间，它在一定程度上保护了宅内主人的生活隐私。接着，几步台阶走上来，从檐口、台基形成的垂直面开始（这是一个敞开的界限轮廓），一直延伸到门柱，垂直的界限才逐步明确。可以说，逐步走进大门的过程，是一个由虚至实的空间体验，也完成了从空旷的外部空间进入围合之地的过渡。这时，我们将和大门平视，将透过打开的大门看到“空透”的空间，不仅可以看到第二进围院的入口门屋，也可以看见第一进围院的中庭。然后，高高的门槛（如图 2–8）绝不允许人毫不费力地跨过，这个较大的动作再次提醒了人们宅院较高的营建规格与主人非凡的地位，相应地，来人在体认建筑及空间的同时，身体的运动使他意识到自己原来也是可见的对象。这说明，尽管身体的感知作用经常被人们忽视，但它并没有停止发挥作用，在实际情况中，我们身体的移动及动作的展开，一直都在提醒自己和空间的关系。跨过门槛，门屋两侧相对而立的墙，连同屋顶又开始经过一个实体的框架，直到进入露天的庭院，这个过渡的隔界才结束，也是整个过渡空间的完结。在此过程中，我们能够真切地直观到空间的“空透”，清晰地感受到“门外空间—门屋内部空间—中庭空间”之间的连通关系。

出门的运动在过渡空间中则相反，是由一个围合的内部空间，经过大门进入一个外部世界的过程（图 2-9）。由内而外，行者仍然可以直观到纵向空

图 2-7　山西省晋中市灵石县静升镇王家大院西宅凝瑞居（敬业堂）大门，2014。

间的空透，感受到“内部中庭—门屋内部空间—门外空间”三者间的连通关系，只是连通顺序刚好相反。不过，此时透过门屋直观到的空透感则是相对有限的。因为门外便是一座厚实的影壁，它和大门隔着一条并不宽敞的道路相望（图 2-10）。即使是从内部中庭迈进门屋，影壁仍然会阻隔在眼前，大部分视野被“福寿”的圆形浮雕所占据，空间的空透性在此被明显地减弱了。对于考察者而言，它实际上是一个非常重要的提示。门内外空间的空透属性有时无法生硬地与闭合属性相割裂。即使是开着的门，往往也保留着闭合的空间属性与分隔的空间功能。这无疑与民间生活中的隐私要求及其他更为复杂、含蓄的文化功能相关。山西民居中所谓“深

图 2-8　山西省晋中市灵石县静升镇王家大院西宅凝瑞居（敬业堂）主入口门槛，2014。

宅”的面貌，往往体现于以狭窄中庭构建的中轴线来弱化“空透”感，当然，日常生活中中庭之间的门屋往往也是关阖状态。

无论如何，宅主人在出入这两方面都做了充足而周全的设计，在这个出入空间中，不唯独依赖视觉，而是利用身体的所有知觉循序渐进地使人们获得他们想要人们获得的感知。

二、阖：闭合

阖门，空间闭合，分隔内外，防卫侵扰。

门除了可以出入，还要对人的内部空间进行保护与防卫，这也来源于门本身的空间属性及它在空

图 2-9　山西省晋中市灵石县静升镇王家大院西宅大门内侧，2014。

图 2-10　山西省晋中市灵石县静升镇王家大院西宅大门外的影壁，2014。

间中的功能。当门阖，其空间属性就从空透走向了对立的另一面——闭合。与门的空透属性相补充，闭合的原型是穴居洞口的石头、树枝、帘子，用以弥补空透之门难以隐蔽自身的缺点。门成了一个严实的遮挡物，是人设立的一个隔界，在人规定的地方，起到遮挡、护卫的作用。阖门在空间场所中意味着分隔，门虽为开口，但仍然为包被之物，分隔也是门非常重要的先天属性。分隔来源于两个空间的差异，有效的隔界可以使二者的关系更加明晰，对于更加广阔的场所而言，隔界可以使个体间的关系规范化、秩序化。如果说“门—开”意味着人们意识里沟通外界的愿望，那么“门—阖”则意味着人们对外部空间进行防卫的需求。（图 2-11）

区别于开放的自然场所，人的居所是一个封闭的围合空间，这与人类早期对自然界的防卫诉求有关，大门虽然可供人出入，但其不容松懈的严密与坚固也是人们非常重视的方面。并且随着人类社会的发展，人对财产保护意识的增强，防卫的重要性愈加凸显。就像摩尔根总结的那样，在人类的低级野蛮社会阶段人们用木栅保护村落，中级野蛮社会时期人们开始住在用土坯砌成的（在某些地区则是用石砖砌成的）庞大的公共住宅，而高级野蛮社会开始出现有墙的城堡。[7]这种自我保护意识的增强及占有空间的愿望是人类社会逐步发展的结果。例如中国古代常见的合院住宅就是极为重视封闭空间的民居形式，其严密的围墙结构体现了主人较高的防护意识和对私人领域的重视。古代战乱频繁，住宅

图 2-11　山西省运城市万荣县高村乡阎景村李家大院李道升宅院的防盗门。这扇大门的铁艺构件不仅精雕细琢，而且暗藏六道防盗机关。据说 1938 年日军进入李家大院欲打开此门却无计可施，强砸硬刺后只在门上留下一个小洞，充分体现了人们对大门的防卫诉求，2019。

的门窗都不是任意开设的，在整座院落的外围几乎看不到窗，门的常态也是紧闭的，宅子的采光及通风靠的是围起来的庭院中庭。合院为了合出一个规则的院子，很有必要建造对称的房间，这种设计的出发点不仅是基于实用，而是出于一种文化精神的特定意愿。这是古代住宅非常重要的一个特征，不同于我们今天面向大街的落地窗，或是追求在房间内即可远眺风景，传统民居对内部私密性的要求非常严格。

很多时候，对防卫的重视程度与人们占有财产的多少成正比。相比之下，那些有钱财有权势的人家对宅门的防御功能要求更高。加上战乱的影响，他们把围墙建成高大厚重的墙垛，将族人的合院围合在内，集中开堡门。这种堡门比那些双层门楼更有实用意义。我们知道山西静升村的八处堡院中有六处都属王氏一族，这六座堡院多为宗族合居，只有最晚建的（1769 年）视履堡是家族合居的独立堡院。视履堡为王家两兄弟所有，东西并列，各居一宅。视履堡的堡门设在东边，取紫气东来之意，东北处的大门为供仆人出入的东堡门（图 2-12），渐渐高起的马道使人根本看不到堡内宅院的情况，堡门远远高出堡墙向上高耸，于两层堡门之上又加了一层可

图 2-12　山西省晋中市灵石县静升镇王家大院视履堡东堡门外侧，2014。

供瞭望的阁楼。实际上东堡门两边的堡墙也是两层，与堡门连通一气，这样，堡门不仅可以使卫兵站岗放哨、远眺敌兵，而且还能于堡墙的二层驻扎兵卒。由堡门内侧（图 2-13）可清晰地看到王家两兄弟对防御工事所做的准备。这样的家族堡门很能体现大门的防护功能，不仅要同围合的实墙那样厚重、坚固，更需要专人把守。许多乡村都能看到多建一层的堡门，用于家丁站岗放哨、守卫门户。当然，这样的门楼在当地无疑也是一种权贵的象征。

如果多层大门是在纵向空间中实行防护功能的

图 2-13　山西省晋中市灵石县静升镇王家大院视履堡东堡门内侧，2014。

图 2-14　山西省晋中市祁县东观镇乔家堡村乔家大院堡门外影壁外侧，2014。

话，那么“影壁”则是在横向空间中设立的防护措施。那些高规格的民居会在门外或门内设立影壁，影壁有时也叫照壁、照墙，古称萧墙，有基座与壁身，多为石制，以“一”字形和“八”字形影壁居多。大门外的影壁一般设在大门正对面的位置，正中常刻“福”字，以及诸如“五福临门”“松鹤延年”等吉祥图案……如乔家大院堡门外的影壁（图 2–14），高大的影壁实际上已经遮住了堡门门洞，从外部基本看不到内景，厚重的影壁矗立在堡门之外，在气势上就已经震慑了那些来自外部的恶意。影壁的内侧则是一幅“百寿图”（图 2–15），影壁上雕刻了 100 个“寿”字，且无一雷同。[8] 大门内的影壁一般设在迎门处，如乔家大院一院大门的影壁（图 2–16），也

是一面尺幅巨大的砖雕，并于中央设了土地祠，影壁中雕了 10 只瑞鹿，而且两两一对分布在画幅中，意为“路路通顺”。

图 2-15 山西省晋中市祁县东观镇乔家堡村乔家大院堡门外影壁内侧，2014。

这些影壁的设置都是对内部空间的保护性措施，它的主要作用是遮挡外部视线、阻挡风沙。它与门一道塑造着空间的闭合属性，即便大门敞开时，外人也会因为影壁的存在而无法窥见门内情形。空间在此也会产生“迂回”感，避免绝对意义上的空透性。从风水学的角度看，影壁可以阻挡直来直去的邪气，以保护宅内的居者生活安稳、平顺。

在场所关系中，隶属于人类建筑的门是包被与集结之物；在空间关系中，门具有连通与分隔内外空间的功能，在日常生活中集出入和防护于一体。门

图 2-16　山西省晋中市祁县东观镇乔家堡村乔家大院一院大门内影壁，2014。

作为一个场所之界、空间之界，它的出现不仅是终结，更是一个开始，提示着另一个空间，或是更广阔的场所的存在。总之，门是民间生活中一个非常重要的空间枢纽，以此为基础衍生出复杂的文化功能。本书将继续对以空间为基础的功能结构、文化功能实施方式进行讨论。

第三节
门的文化功能结构

门是日常生活中重要的空间枢纽，除了具备出入、防卫等实际作用外，也会在此基础上衍生出复杂的文化功能。这正是本书研究的重心所在。如果我们借用结构主义的视角，门的文化功能的生产就可以被理解为以其文化功能结构为基础，而这一结构的前提则是上文提到的空间属性。由此可以列出这样的逻辑关系：空间属性→文化功能结构→文化功能（泛灵之维、世俗之域）。

就上文所讨论的空透、闭合的空间属性而言，它们对应着连通与分隔的“内外”关系。事实上，门的众多文化功能都是在门之“内—外”的关系中产生，这是本文要讨论的第一个文化功能结构。空透、闭合的空间属性实际上从水平维度展开，这是门的实用功能主要涉及的空间维度。但在门的文化功能结构中，同样发展出了以纵向维度为空间基础的“上—下”结构。究其原因，一方面，人们已经习惯于将门看作空间枢纽，以此为思维惯性也容易将其看作其他维度的空间枢纽；另一方面，尽管门不会朝上下开阖，但在人的视野中，天在上、地在下、门在中的关系同样是非常清晰的。中国传统文化关于宇宙的表述习惯中，“天地”是一个基本而常见的话语模式，由此它很容易与“上—下”形成一种同构类比关系。

也许很多人会意识到，本书借鉴了结构主义的理论模式来分析门所实施的错综复杂的文化功能。例如，结构主义先驱立陶宛语言学家格雷马斯就将二元对立的意义表达看作一切叙事的基础，如黑与白便是这样一组关系，他将其表示为“X—反 X”。

当然，以此出发，他还发展出“X—非X”“X—非反X”几种差异关系。格雷马斯用这些差异关系来分析各种各样的叙事。之后，列维－斯特劳斯在其著作中广泛运用了二元模式来分析各种人类学现象。例如他对不少原始部落进行分析后发现，亲近舅舅的族群往往较为疏远父亲，反之亦然。例如他把希腊神话划分为诸多的“神话素”（即短小的神话叙事），而这些神话素在其“亲近血缘—疏远血缘”“亲近大地—疏远大地”的结构中都能找到自己的位置。尽管19世纪60年代以来，以列维－斯特劳斯等人为代表的结构主义分析方法开始遭受广泛的挑战，但直至今日它仍不失为一种颇为有效的研究方法，毕竟“二元对立”是人类表意活动中最普遍的方式。

一、内—外

门是围合之域中供人出入的开口，最基本、最重要的功能是通过开阖，沟通并分隔两个空间。开阖对应着门的两个空间属性：空透与闭合。没有边际的空间暗示着很多可能性，不同于自然界未被人干预的空荡荡之荒野，门的空透是被人界定的，其上下、两侧连接而成的界框构成了门的提示。把门放在具体的空间中，因而有了连通空间与分隔空间的功能。

门的内外关系包含着人对自然和自我的体认。正如海德格尔认为真正纯粹的自我是不存在的，人的本质由他者决定。他者是这个场所中主体以外的所有事物，每个主体都被其他主体所环绕。在这个共在的世界中，事物的本质是通过对方显现的，并且在这个关系中，人是具备意向性的一方。门始终围绕着“我”来设立，其空透与闭合的空间属性都包含着“我”的意向。空透意味着人和广阔天地可沟通，闭合可以维护内部的私隐与安全，这都是来自内部的视角。当门立于空间中，场所的空间关系就发生了变化，原本统一的空间随着带有意向性的门的出现产生了内和外的差异。在这个意义上，门是决定场所性质的人造物。

“内”是主体，“外”是他者。以此为基础，衍生出复杂的“世俗之域”的文化功能，以此强调主体的价值、身份。具体地说，宅主人需要以门为基础，在“内—

外”的结构中彰显主体，表达私与公、富与贫、尊与卑、文与野等意义差别。明显的，这些概念都是二元对立的，但人们在此清晰的差异关系中的确更易于表达意义、明确身份。这种定型化的表意方式，其目的正在于强调其中的一方，即私、富、尊、文。

二、上—下

上文已谈到，人已经习惯于将门看作水平维度的空间枢纽，以此为思维惯性也容易将其看作其他维度的空间枢纽。

门的空间功能并没有停留在水平向度，也同样在上下垂直向度中得以呈现。相较而言，人对前者的把握以出入行为做基础，对后者的把握则依靠“台基—柱式墙—屋顶”这一建筑结构营造出的视觉动势：形式所引发的视觉张力及其方向感。人立足于大地，台基往往高于地面，之上稳稳地立着柱子、墙，上方则是造型复杂的屋顶，甚至在正脊中间还会起一座“中堆”。尤其，屋宇式大门高于两边的墙体，这样的“上—下”视觉动势更为明显。尽管中国古代建筑多强调平面的展开而较忽略纵向的升腾，但“上—下”的视觉引导则是清晰的。另外，中国传统文化关于宇宙的表述习惯中，“天—地”是一个基本而常见的话语模式。直观地看，天在上、地在下，“天—地”与“上—下”很容易形成一种同构类比关系。由此，在“天—地”观念中的表意行为常常在门的“上—下”文化功能结构中展开。

在后面的篇幅中，本书将诸如时令、祭祀等门俗活动纳入“上—下”的结构中进行讨论，所涉及的是泛灵世界与门内世界之间的关系。在此，“上”不仅指涉着自然层面的“天”，也指涉着民间信仰层面的“天”；“下”不仅指涉着自然层面的“地”，也指涉着民间信仰层面的“地”。

三、变　通

通过对门空间属性的分析，我们看到门对于空间而言常常是矛盾和对立的，既要分隔"内—外""上—下"，又要沟通"内—外""上—下"，这些都源于门可开阖的特性。大门是人为立定的界限，开或者阖，都依凭人的意向和行为，也因此造就了门的特殊性和丰富性，它其实是我们空间、文化之中的变通之界。门之阖使得空间闭合，门因此具有了区隔空间的作用，明晰了不同事物间的差异。同时，门之开使得空间空透并具备连通空间的功能，又对差异、对立的关系进行了消解。例如，门之阖使得私域与公域得以明确的区分，外人被禁止进入家、族所占有的私域之中；同样地，门内的人在门关闭时也无法进入公共空间之中。但当大门打开，意味着在主人允许的条件下，外人可以进入私域之中。在一些重要的迎客、迎娶及出嫁仪式中，无论是大门还是内部的二门等都需要打开，以此表示对闭合空间的彻底打破。在这些活动中，"内—外"的结构、"私—公"的意义差异是被消解的。这同样是门的重要文化功能结构：区隔之界，仍可变通。（图 2-17、2-18）

图 2-17、2-18　陕西省渭南市韩城市西庄镇党家村民居大门的门槛多为凳子，一物两用，巧妙地体现了大门"内—外"之间的变通关系，2019。

从中国的文化传统来看，门的变通特性更是体现了我们对世界的认识与态度。中国传统文化认为事物没有绝对的对立，两种不同性质的事物可以在协调会通的作用下化育万物。如西周时期的思想家史伯提出的“和实生物，同则不继”，强调的就是差异双方的互补、协调，因此万物才可以“继”。差异是万物发生、发展的基础，而促成万物相生不竭的方式就是变通，变通可以使差异双方以合适的方式交流，而不是生硬的并置和无立场的混同一气。

综上所述，门的诸多文化功能处于“内—外”“上—下”的空间结构之中，它们同样是承载文化功能的基本结构。“内—外”“上—下”可以理解为格雷马斯所说的“X—反 X”关系，但文化叙事并非仅仅以二元模式展开，“X—非 X”“X—非反 X”等关系同样参与其中，并组合、发展出复杂的叙事体系对单一的二元模式进行消解。具体到门，“阖”意味着区隔，意味着对立，但它的“开”又打破了区隔与对立。这既造成了其文化功能的复杂性，也正是门之研究中最具张力、最吸引人的部分。

---

1 ［英］马林诺夫斯基：《文化论》，费孝通等译，中国民间文艺出版社 1987 年版，第 23 页。

2 ［挪］诺伯舒兹：《场所精神：迈向建筑现象学》，施植明译，华中科技大学出版社 2010 年版，第 7 页。

3 ［挪］诺伯舒兹：《场所精神：迈向建筑现象学》，施植明译，华中科技大学出版社 2010 年版，第 4 页。

4 “窗上纷纷落下的雪罗列，晚祷钟声长长地响起，房子有完善的设备，桌子可供许多的摆设。多次流浪，不止一二回，走向门口踏上阴郁灰暗的路程，繁盛的花簇是树的恩惠，吸吮着大地的凉露。流浪汉安静的步伐走了进来；苦痛已将门槛变成碑石，在晶莹光亮的照射下，摆着，桌上的面包和酒。”（特拉克：《冬夜》，转引自［挪］诺伯舒兹《场所精神：迈向建筑现象学》，施植明译，华中科技大学出版社 2010 年版，第 7 页）

5 ［挪］诺伯舒兹：《场所精神：迈向建筑现象学》，施植明译，华中科技大学出版社 2010 年版，第 8 页。

6 ［挪］诺伯舒兹：《场所精神：迈向建筑现象学》，施植明译，华中科技大学出版社 2010 年版，第 15 页。

7 参见［美］路易斯·亨利·摩尔根《古代社会》，杨东莼、马雍、马巨译，商务印书馆 1977 年版，第 614—618 页。

8 大量重复某个汉字的方式也是民间宅院照壁装饰中多种常用形式中的一种，如晋南李家大院内的“善”字照壁，雕刻了 365 个不同的“善”字，意在告诫子孙一天一善、天天行善。面向内部的照壁选择以什么字为主题，通常与家族经营的事业、信奉的祖训有关。

第三章

门的文化功能：泛灵之维

广东省江门市开平市塘口镇自立村碉楼大门悬挂的纳吉之物，2017。

门处于空间转换的交界之处，往往被赋予特殊而神圣的力量，似乎可以使事物从一种状态到另一种状态的转换获得合法性。“万物有灵”是普遍存在的观念，这种观念即使在今天也并未完全从人们的意识中抹去。尽管未能在经验世界中以知觉的方式加以体验，但古人仍朴素地相信，这些神秘力量在泛灵世界中存在着，它们以各种方式影响着现实生活。不过，民间观念建构出来的泛灵世界，仅依靠凭空想象是难以令人确信的，人们往往将其与可体验到的现实世界进行关联，让想象被感官所触及、承载。这些神秘事物需要在可感的世俗空间坐标中加以把握。（图 3-1、3-2）

由此，民居之门在“内—外”“上—下”的双向空间关系中扮演了“坐标原点”的角色。门被想象为人与泛灵世界发生关系的空间枢纽，其功能已超出了人的实际空间需求，进入更为广泛的功能系统中，这些功能的产生与运用也是以门在空间中的功能结构“内—外”“上—下”及“变通”为基础的。在与泛灵世界相关的民间习俗中，百姓们在门上做标记，运用“类巫术”的表意方式，并通过仪式进行情感强化，在心理上满足自己的功利性诉求，希望门可按照人的意愿为家宅提供方便与护佑。

图 3-1、3-2　民间对家门口土地福神的祭拜，人们普遍相信在自己的生活空间中，存在着各种各样的神灵。图 3-2 中一位老者正在门口上香祭拜土地福神，以祈求保佑。广东省佛山市南海区西樵镇松塘村，2017。

第一节 “内—外”结构中的功利性诉求

对于乡土百姓来说，门内是可以控制和把握的安全空间及私人领域；门外是超越控制范畴的广袤世界。在这种内外关系中，家门之内的人们对待外部世界的意向呈现为三种人文诉求：纳、驱、和。“纳”是从外部把好的事物引进门来，“驱”是通过把有害之物斥之门外进而对门内进行保护。这两种意向都悬置了门外的利益，是仅强调家宅内部安全的利己诉求。“和”的意向则体现了家宅内部与外部协调相处的态度，家宅只有和外部的环境相协调，顺应物候的自然规律，内部才有可能获得长久而稳固的安宁。归根结底，“纳”“驱”“和”的文化功能与民间朴素的功利性诉求相关。将终极诉求指向此岸世界而不是虚幻的彼岸，这是中国民间生活的真正底色。

一、纳

趋利避害是开阖之门衍生而来非常重要的文化功能，“利”包含财、吉、丰、安、福……“害”则有穷、邪、灾、病、祸……建宅、人生大事或四季时序更迭，大门的主要功能就是为家宅迎纳这些“利”，阻挡那些“害”。

例如，新宅建成，人们不仅关心内部空间的各个方面，对于这个分隔内外的关口也格外重视，希望通过自己对门的虔诚祈愿，它能纳入福气与财运，挡住邪恶与灾祸。所以，民间宅子建成后，安大门被视为一项神圣的活动，这会是一个充满暗示性的开始。在湖南还有“踩门礼”，一般由木匠们或掌墨师扮一众踩门人，手托托盘，内置钱钞，或象征“元宝”的瓜果，在门外叩门，并喊“送财”等吉语，门内的屋主与踩门人几轮对答，接着屋主开门接财，踩门人再贺，主人备酒酬谢，礼成。其中湘西的踩门礼很有代表性：

湘西地区踩门礼仪式是由掌墨师扮踩门人，身带包袱雨伞，并有人随从，手托托盘，内装“元宝”（西瓜或南瓜等）、四个铜钱或硬币，时间是晨曦初露之时赶到，主人在门内，听到外面敲门，即问：“门外何人在敲门？”

外答：“伏以吉日良辰，天地分明，吾今到此，万事康宁，闻知主东结善果，特与主东开财门。要问我是何人，且请主东听分明——天上太白金星，还有福禄寿喜与诸星，天宫诸仙都来到，吉时良辰快开门。”

主人又问：“既是太白金星，且问你住何宫殿，几个天门几条路，今从何处到来临？”

外答：“主东问我住何处，南极宫内我安身，十二天门十二路，打从乾宫路来临，瑶草琼花不胜看，腾云驾雾下凡尘。”

主人再问：“既是诸仙，何宝随身？”

外答：“带来金银并宝珠，带得百子并千孙；带来猪羊与牛马，牛满山岗马满坪；又带田园千百亩，前仓后仓都丰盈。”

主人开门迎道：“开门请进各星君，备礼酬谢不敢轻；宝鼎焚香迎仙驾，银台花烛接诸神。”

外说：“主东打开龙凤门，匠人雕琢费工程；左雕麒麟观星斗，右雕狮子滚绣球；左边将帅秦叔宝，右边尉迟来守门；宗祠蠡蠡光前祖，瓜瓞绵绵裕后昆；又谢金来又谢银，秤称银子斗量金，南北二星收钱来，堆如南山一样平。九天日月开新运，万国笙歌乐太平；天增岁月人增寿，春满乾坤福满门；满门天赐平安福，四海人同富贵春。从我太白贺过后，一家大小都安宁，不必重重来相谢，星君即要转回程。去时不带金银走，金银留与你儿孙，贺喜龙门多兴旺，天长地久总是春。”言毕，将“元宝”及铜钱一齐滚进中堂，寓意主家财源滚滚来。[1]

在四川，房子盖好后也有安门、内问外答的迁居习俗，称为“钉门”。屋主选定吉日将大门钉上，用4寸见方的红纸写“开门大吉，诸般顺遂”贴于门缝，然后门内门外各一人，对答吉利如意的话，方开门进屋。[2]江苏地区，宅主人迁居进门时，也有一些讲究。祭祖、祭宅之后，主人将木梯竖靠在正门前，然后将已出嫁的女儿送来“助喜”的“进屋盘”传进屋里，“进屋盘”包括馒头、米糕各一盘，一块肉，一条鱼，两个炮仗。同时，已嫁姑娘还会送来根叶俱全的竹子，竹子和梯子因其皆含“节节高”之意，用以象征迁居后宅内人生活节节攀升。[3]

在婚姻门俗中，人们要把喜迎进门来，并由此展开一系列迎喜仪式。

新娘进家门的路上多设置一马鞍和盛（shèng）子（民间织布机上的经轴）。新娘必须迈过马鞍和盛子，俗称“骑马过盛”。周口一带，新娘还要迈过一个熊熊燃烧的火盆，据说可避讳驱邪。[4]

江苏灌云县还有《新人进门喜歌》：

新娘跨火盆，大人养小人。新娘跨板凳，贵子早早生。

新娘跨马鞍，合家保平安。新娘跨进门，带来聚宝盆。[5]

山东也有迈马鞍、跨火盆的习俗，取意“前进平安”、日后生活红红火火。[6]闽南一带及清流、尤溪、南平、建阳等地，男方在门前置火，新娘跨火进门，正如闽南俗谚：“过火气，百般都不畏”“过炉子，家伙（意财产）蓬蓬起”“跨火烟，年年春，隔年抱个‘查埔’孙”。[7]可见跨火进门也具备着双重含义，既意味着燃灭灾邪，又象征着日子如火般红火，但主旨是，在迎新娘的同时把喜庆和希望迎进门来。

春节作为一年的起点，人们希望有个好的开端，要尽力把好的事物迎进家门，如此暗示新的一年诸事顺利。民间春节早上开门往往与“迎财”联系起来。黎明时分，人们要开启大门放鞭炮，迎接新年的到来。除夕封起的大门这时要开启了，也叫“开财门”。“苏州，由长子提着长串鞭炮开门，门外聚集的穷人手拿‘送财神’小纸条讨喜钱，家主逐一接过，发放铜钱若干或馒头糕点，如有穿袍戴纱帽跳财神的，还要多给钱。”[8]

民间还有很多“聚财”的习俗，正月初一至初五（有些地方是初三）这几天家中忌扫地、忌倒垃圾，因为家中的一切都是财宝，春节讲究只能进不能出，如果非要扫地，民间也有办法，福清等地有禁，如果这几天扫地的话要从大门边往里扫[9]，如此一来，就算是扫动了“财”，那也是顺着由外入内的方向，财气就不会扫走了。这几天甚至也不能向外倒水，以免把财倒走，山西临猗在初一这天还要把门槛加高[10]，防止水往外流。

初一除了迎财，还要迎喜，春节各地大都有迎喜神的活动：“迎喜神活动必在初一拂晓赶早进行，事先要查阅皇历或咨询阴阳先生，问好喜神所处方向，户主携香表、鞭炮，出大门向喜神方位迎去，途中不准回头，不准和别人讲话。到一宽敞地，即可就地焚香祭拜，放鞭炮，而后将不熄的香头带回家中，俗信喜神就会随香进入家门。”[11]人们相信，只有顺着喜神的方位才能迎到喜神，只有将喜神请进门内，喜神就会在这一年里护佑家人。新年的第一天，人们通过大门完成了对生活最朴实的祈愿。

春天，人们会有一些迎春、祈丰的民俗活动。正月十九、二十、二十三、二十四或二十五为添仓节。清代道光《延川县志》：“二十三日取灯炷掷门外，曰送蛴蜓，晚爇薪，曰老君火取衣衾就火，曰燎百病。”[12]蛴蜓能捕食小虫，有助于春季农耕，所以添仓日“送蛴蜓”也是祈求农耕顺利的习俗。添仓日宜屯粮，忌卖粮。添仓节实际上是春节活动的尾声，此节之后人们就开始投入春耕劳作中了。河南地区正月二十三这天是“贴金牛日”，因为传说老子曾在这一天骑牛过函谷关。豫西、山西芮城都有贴金牛的旧俗，人们用黄表纸剪“金牛”贴于门上，书“正月二十三，老君来散丹，门上贴金牛，四季保平安”[13]。用春牛祈福一年四季平顺、粮谷满仓。另外，山西有些地方添仓日门口会放些煤炭以求镇宅[14]，这或许和“燎百病”的寓意相关。

人们常说“二月二，龙抬头”，故这一天被称为“龙头节”，或“龙抬头节”“春龙节”“青龙”。二月二各地还有“引龙回”的习俗，山西的“引龙回”后来演变为“引钱龙”“司钱龙”。早上太阳出山之前，人们提壶到河边或井边，放入适宜的铜钱，打完水后回家，路上边走边洒水，最后将剩余的倒入家中水缸，于此就将钱龙引来了。“晋东南是用灶灰在门外撒一圈然后弯弯曲曲接连不断撒向厨房，围水缸撒一圈即成。”[15]“江南农家以草木灰从大门外一直撒到灶间，绕水缸一周，叫‘引龙回’，百虫慑伏。”[16]全国很多地方都有“引龙回”的习俗，只是仪式稍有差异，其目的有二：一是增加财富，即“引钱龙”；二是龙抬头后，各种害虫就不敢出来了。[17]习俗有时会适当简化，有些地方渐渐把门外的路途省略了，省略到大门为止，或者说是择大门为界。二月二除了“引龙”外，各地还有“围仓”“打灰囤”的习俗，各地名称不一，但行为较为类似。陕西“陕南佛坪一带，于二月二这天的黎明时，端一簸箕草木灰，用擀杖敲门，围绕屋子周围撒一圈，意为防虫消毒”[18]。这是“打围墙”。而“围仓囤”则是指主人用草木灰在庭院里撒成若干仓囤状的图案[19]，谚语“二月二，龙抬头，大囤尖，小囤流”。陕西习俗则是与“围仓囤”之俗寓意接近，皆为盼望今年粮食丰收。

二、驱

“驱”与“纳”看起来是对凶、吉等有灵之物进行相反方向的意向驱动，但它们实际上是文化行为的不同表象而已。“驱”的诉求与“纳”一样，都是以家宅内部的利益为出发点，只是根据主体的判断，对不同事物采取了不同的态度。

例如，建宅安门不仅要纳吉，还要驱害。很多地方住宅竣工后，人们要举行“安门”仪式：“闽南一带旧时安门，要遍贴门联楹联，并将门槛从门外抬入。福清等地人们将米筛挂在大门上方，以避‘鬼狐’入房……厦门习俗，竣工后迁居前，要折一小段柳枝贴在大门正中避邪……”[20]可见，“安门”这件大事必须完成“纳”和“驱”两方面的工作，人们才能在新居安心地住下来，对未来充满希望。

为了防止宅居中遇到不利的事物，人们还用镇宅厌胜的方法使自己安心定居。厌胜，“厌”读 yā，通“压”，正如字面意思，厌而胜之、制服，其实民俗中的很多活动都属于厌胜，凭借一些可以自圆其说的咒语或物什，起码在意念中起到了制服所厌之物的作用，从而避害纳吉。所以，厌胜其实有两种情况，一是压镇，即用镇压的方式化解凶患；二是致祸，是对某些人和事物进行恶意诅咒。古人信赖风水，总想在最理想的位置择居，但实际情况不可能让所有人如愿：他人的住宅位置常常会犯了自家住宅的忌讳，有限的地理环境，难免会有冲着路口、桥等“凶物”的宅院……这些都需要用一些压镇手段去化解凶患，安抚心理的恐惧。比如：

门前垒一道墙（照壁），把犯忌的事物遮挡住，即可逢凶化吉。门楣、中梁或屋脊正上方置一木制八卦图案，中心是圆形的画着两只大头鱼的太极图，是为降妖伏怪、逢凶化吉、法力无穷的镇物 。“太平镜”，又叫“照妖镜”，一般置于门、屋脊正中，亦可置于对准不祥之物的地方，俗信可使鬼魅现出原形，可以将不祥之物和妖魔鬼怪反射回去。苏南水乡居民常在自己大门门楣上悬挂竹筛、剪刀、镜子等，用以驱鬼、辟邪、护宅。面对不祥方向书“姜太公在此”，或“姜太公在此，天无忌，地无忌，阴阳无忌，百无禁忌”，用以避灾驱邪……大门前的石狮则是避邪的瑞兽，苏南屋顶的“瓦将军”和墙上雕塑的虎或虎头，用意也在避邪。置“石敢当”或“泰山石敢当”，是用得最多的压镇手段。石敢当是一块长方形的石碑，上刻“石敢当”或“泰山石敢当”。“石敢当”意为所向无敌，可镇百鬼、厌灾殃。石敢当一般置于村落入口处、河川池塘岸边、门前巷口、河口、三岔路口直冲处、凶宅附近正对吉方处。[21]

民间很多地方为了避免大门“冲煞”会在门前悬挂镜子，埋“泰山石敢当”（图3-3、3-4），钉虎头匾等以避煞星，但还有一种避煞厌胜之物，就是吞口。吞口起源于图腾与巫术中的面具，常见于门楣上，是以木或瓢背刻成的兽头，常见的吞口怒目、血口，口中往往含着宝剑，意为可吞掉一切凶煞与灾祸。吞口多见于少数民族地区。在四川一些地方，人们常用红、黄、蓝、白、黑五色在瓢背上画出浓眉圆眼、阔口利牙、口含竹片（宝剑）的吞口形象，画完悬于家宅的正门门额上，用以避邪、镇鬼、化除不祥，所以不仅门上挂吞口，城门口、巷子口、渡口等处都可使用吞口。[22]

图3-3 湖北省黄石市阳新县排市镇下容村阚家塘民居门楣上悬有镜子，2017。

图3-4 广东省韶关市仁化县石塘镇石塘村民居门楣上悬有镜子和“泰山石敢当”，2017。

在湖南，民间有“凶神恶煞”的说法，认为万物皆有煞，时时有煞，处处有煞。要想使四季平顺、生活平安、物产丰收，那就要祛煞驱邪，而厌胜就是最主要的方法。民众普遍重视宅院的祛煞，强调镇门挡煞，比如在大门左右的外墙上各画一把弓箭，大门上画太极图，贴镇宅符、门神和彩笺等，都是挡煞的做法。在湘赣边境炎陵县的马大丘还有血门祛煞的习俗，即村民在春节前杀鸡宰猪时要用其鲜血涂洒在自家门框上，以此祛邪。[23]

婚礼是人生大事，也是一个家族的大事，在迎喜的同时，也要祛煞。结婚对一个女人来说也是人生中一次重要的身份转变，她要从自己的娘家来到夫家，并且旧俗认为女人结婚后就是夫家的人了。所以，“出门—进门”是女性结婚身份转变的重要标志。旧时人们认为，新娘是带有红煞的，对家人有危害，所以无论出门还是进门，都有祛煞的风俗。新娘“出门”祛煞的风俗古已有之。新郎来女家迎娶新娘时，“告于女之祖堂，作乐催妆，出阁登车，古纳徵之遣也至，衈鸡于门，谓之厌红煞”[24]。古俗中，染鸡血于门可以祛煞，除了鸡血，火也是一种祛煞的方式。旧俗女儿出门要从香炉、风炉或火盆上跨过，也是祛煞的一种方式。

新娘来到夫家，即“进门”，和新娘出门时害怕带走财气、福气一样，夫家也忌讳新娘进门会“带冲”“带煞”，很多地区在新娘进门时也有祛煞的仪式，其对驱邪祛灾的重视明显要超过娘家。跨火盆也是必不可少的，为了赶走污秽，福建泰宁、长汀、光泽、邵武等地有在新娘进门前宰雄鸡、杀猪，用其血祭门的拦门礼。[25]在湖南，男家要斩杀雄鸡挡花轿之煞，以及有在大门口悬挂剪刀、镜子“断煞”的说法。[26]人们运用各种可以绝断事物的方式用来祛煞，火烧、血祭、刀断、镜挡，这些表意方式都从日常生活经验中来，最能代表民间百姓淳朴又功利的驱恶诉求。同时，这些方式常见于各种民俗活动中与“驱”相关的表意活动。

过去婴儿存活率低，为了保障孩子可以在安全、洁净的环境中生存，人们常采用各种民俗活动来“挡灾”。旧俗中忌有外人进门，“如果来了客人须进大门者，要先在门外点一堆火，让客人从火上迈进门来。如产妇或婴儿有病，必须医生诊治者，亦要在门外放一堆干草，以火燎脚后才能进门，认为这样就可避免带入邪气”[27]。此外，人们认为过了一定的天数，婴儿存活率就高了，长久的生命有了希望，所以会在一些时间点上为孩子庆祝。

“由于旧法接生不讲卫生，婴儿在七日内常发‘脐带风’而死亡。如小孩过了七日能幸存下来，家中就要高兴地做七朝来庆祝，第七天时在大门上挂筛子，以示避邪。”[28]筛子是过去家里必备的生活用具，用竹片编织成网状，人们可以用它过滤掉粮食中较小的颗粒，筛选出想要的部分。门上挂筛子也跟它的实际功能相关，老人们认为它如同传说中的“地网”，可以捉住鬼魅及邪秽，旧时如家中有人生病久治不愈，会用筛子挂在门上进行“祭门”，大概 7 天，筛子就能网住家里的妖魔病痛，家人可重获安宁。“在关中西部，婴儿满月这天，舅家要送去一只黄布制作的老虎，意在祝愿婴儿长大后像老虎那样剽悍有力。进大门时，必须将虎尾折断一节丢在门外，意为希望婴儿在成长过程中免灾免难。”[29]此俗可能意在用老虎为孩子挡灾。此外，我国各地都有生日时吃鸡蛋的习俗，“安庆怀宁一带，小孩生日那天，要躲在门背后吃鸡蛋，含有避邪的意味”[30]。大门分隔了内外，门神护佑了内部的安全，但门外依然是个不安定的世界，年幼的孩子过生日若让外界看到，怕有邪秽危及幼儿生命，所以要躲在门后吃鸡蛋。这仍然与旧时生育条件艰苦，幼儿经不起病患折磨的现实有关，百姓们希望“偷偷地”将孩子养大。从孩子出生、满月、周岁，门都在护卫着他的成长，为他挡住邪恶，网住病患。

与引“财”相对，“穷”是人们要极力送出门外的。初五，也称“破五节”，或“送穷节”“泼污节”。新年从初一至初五的禁忌在这天可以破除了，除了要将几天来积攒的垃圾倒出去，山西雁北、朔州等地也有剪纸作女子状，五更便“送穷媳妇出门”[31]，将自己的剪纸与别人交换。可见，无论是污水、垃圾或是穷，都是通过门送出去，在民间百姓心里，门内是自己的绝对空间，要把吉利的事物请进来，邪恶和破败都将竭力拒之门外。

祭祖或年节家庆人们都会请祖回家，但并不希望阴阳之门的打开引来不相干的鬼怪与邪秽，所以这些邪秽也是人们要挡于门外的事物。陕西省榆林地区神木市有“点火塔塔”的习俗，凌晨，人们在家门前面垒火塔，塔形不一而定，大约三四米高，火塔中间放置柴木，底部的通风口正对家门。户主先放炮，然后就将塔内的柴火点着，使塔身烧得通红，家中老幼围塔狂欢，俗信如此可驱邪禳灾。大概是因为火可烧去邪秽，塔又能镇住妖魔，而红通通的火塔照耀于门前，又象征着门内人家可迎来光明和幸福。[32]此俗除夕也有，清道光《神木县志》载：“（除夕）各家俱蒸糕，饵备肴馔，以应岁需，换门对，贴门神，累炭成塔，烧暖热。是日，多嫁娶俗，谓诸神上天，无忌。”[33]其中“累炭成塔”应该就是上元节凌晨人们在门前“点火塔塔”的习俗，演变到现在也发生了变化，不过其用意仍然是消除不祥、迎接光明。“苏北除夕夜，家家门前点一堆火，全家人一个一个接着跨过，称‘跨囤子’，象征消灾降福、生活兴旺。”[34]门外生火消灾的活动还有其他方式，但寓意相同，“武进人在门外安锅子，四周架36根树柴，中间以豆萁、松柏枝燃烧，称‘焰炉膛’，同时放爆仗；再选取未烧完的一些残枝放在门旁，称‘撑门柴’；又将脚炉盛砻糠，以焰炉膛火引燃，通宵不熄，称‘过年脚炉’”[35]。乌炭被认为是有护卫作用的避邪物，除夕也会放在门侧，称为“炭将军”，俗信可驱邪避祸。

过去医疗条件较差，虫害毒病对人健康威胁较大，驱毒祛病也是民间习俗中的重要活动。二月二除了“引”，门俗中也有“驱”。惊蛰后，万物复苏，为了驱避毒虫，“全村集合，抬神像，到各家门前，向院内洒米汤，家家门前围以石灰，禳瘟祛病”[36]。人们相信门前围以石灰，就可以挡住邪气、病患，旧时人们相信米汤有驱邪的功效，向门内洒米汤相当于在门内放了避邪物，如此一来就是施加了双重保护。

清代《新繁县志》载：“清明插柳于门，率家人拜奠先茔，以楮钱挂墓树，谓之标挂。”[37]清明节插柳于门是流传至今的古俗。在这个祭祀祖先的日子，一家人会到坟头给逝去的亲人上坟。实际上这一天也是“鬼节”，民间多有禁忌。柳树生命力强，人们认为其有招福祛灾的作用，家家户户门前插柳枝，既昭示了春天已到，又可避邪挡灾。江苏各地门前插柳俗称“明眼”[38]；陕西门前插柳表示为死者招魂[39]；河北、福建各地均有此俗，认为清明节插柳于门上或屋檐处可抵御邪祟[40]。

重阳节又称登高节、菊花节、茱萸节，《易经》中九为阳数，日、月二九故名重阳。重阳节旧俗有登高、赏菊、插茱萸、饮菊花酒、放风筝、食花糕等，王维著名的《九月九日忆山东兄弟》就反映了重阳节的节俗：“独在异乡为异客，每逢佳节倍思亲。遥知兄弟登高处，遍插茱萸少一人。”可知这日的风俗在当时已经非常普遍。“陕西广大农村，重阳节这天，家家户户的门前，都插上青翠的茱萸，并且左邻右舍互相赠送……或有人直接把茱萸插在被送人的大门上，以示节日的祝贺。”[41]其实，茱萸不仅插在门上，人们还会佩戴在身上去登高，除了饮菊花酒，念旧俗之人也钟情于茱萸酒，茱萸本就是药材，被人们誉为有驱邪避恶的功效。因而，茱萸插门除了祝愿康健之外，也有阻挡疾恶的寄望。

除夕，“春联贴好后，要在门框上插以翠竹或柏枝，大门内侧横置一木棍，灵宝人放两根，称‘挡门棍’或称‘挡财棍’，此棍也有在初一凌晨放的”[42]。人们以此寄望年岁生机勃勃，长盛不衰，财气充盈。“拦门棍”的习俗在各地很多地方都有，“胶东等地……下午在大门口放上一根两米长的桃木棍，叫做拦门棍，据说既能拦住财宝不流失，又能避邪。单县旧时只要放上拦门棍，债主就不敢进门讨债了。日照奎山一带，拦门后在院内泼水，用红纸条缠裹木炭一块，配芝麻秸一棵，门两边各竖一束，叫做‘把门将军’”[43]。河北“各家大门口放一根棍子，中间裹着一块烧纸，曰拦门棍，以防鬼入家门”[44]。海州人在大门外横放一根超出门宽的木棍，最好用桃木、榆木、柳木，忌用桑木，意谓“拦金马驹”[45]。人们担心年末诸神出游，无神把门，用木拦门使财不外流，亦可挡灾祸。

除夕还有除鼠害的习俗。清道光年间的《乐至县志》载：“除夕，家家插烛门首，谓之鼠嫁女。”[46]因为老鼠常年祸害粮食，被人所厌恶，除夕为年末最后一天，人们希望在这天把老鼠“嫁”出去，以保新的一年远离鼠害。

在众多“趋利避害”的例子中，“利”与“害”的关系常常为：通过驱赶“害”来维护“利”，这是二者直接的因果关系。也就是说，门内的“利”是通过对“害”的驱除获得的。就像结构主义者所认同的那样，意义建立在差异性关系之中。“利—害”是一个简单化的二元关系，却最容易在民间建立起意义识别的可能性，它们往往在门的表意结构中成为“一个硬币的两面”。

三、和

对于宅居内部而言，获得利的方式不会停留在把所有的“害”驱逐于门外，门外的利益与诉求也不会被永久的悬置。人们的定居是出于对于某个场所的认可，因为这个场所能给予人安定和友善。门内之人若想获得更广泛意义上的“利”，就要与场所相和，与门外相和。在这种态度下，门内与门外不再只有对抗，也不再非黑即白，而是要相和相生。“和”意味着不同事物的和睦相处，是在差异的前提下共存并生，不同于融合成一体。

就门俗的“内—外”关系而言，“和”意味着人与自然环境相和，这在风水观念中体现得较为明显。古代建宅讲究风水相宅，风水的出发点是人们定居的需求，实际上是古人处理人与自然天地关系的经验和方法。许多经验为人们代代谨记，风水的发展也渐渐超越定居的需求，与社会伦理结合起来，成为大家极为敬畏的理论学说。古人的风水观追求的是人居与自然环境的和谐相处，顺应物候的自然规律。在此需补充说明的是，风水学说的价值来自世代民间生活的经验层面，古人将经验层面的“利”与阴阳、五行、气论等学说“耦合”在一起。“风水”是典型的朴素唯物主义学说，但其理论基础及叙事方式并不能归结于严格意义上的科学话语。

《黄帝宅经》中说：“宅以形势为身体，以泉水为血脉，以土地为皮肉，以草木为毛发，以舍屋为衣服，以门户为冠带。”大门在整座宅子的风水中占有十分重要的地位，为一宅之“冠带”，除了关系整个宅院的选址，甚至直接决定了宅院内部结构的安排。古时相宅有多种理法，其中明清多用的“大游年法”“九星飞宫法”皆取宅门坐宫的卦位“伏位”为整座宅院的基准方位。从伏位开始，依年法歌诀或九星法，使宅内的其他方位与宫卦对应，以这些方位的吉凶来设置所建房屋的用途、大小，吉位宜高大壮实，可设厅堂、居室或宅门，凶位则低矮，多用于仓库、厨房、洗手间等。[47]另外，民间百姓把水看作财，很多地方重视院内水的流向要与门的走向一致，忌四处流散。“凡有院落的人家，都要把宅院落地之水汇流于大门处，由门洞下的流（排）水沟排出院外，做到水流走向和宅院内人的走向一致、和宅院大门的走向一致。做到两个一致，俗信才能蓄财、敛财、发家不受贫。”[48]从宅门在风水中的地位可以看到大门对宅居的意义所在。

古人相宅皆有根据，喜欢在向阳背阴、冬暖夏凉的地方定居，择基的理想居处是左有溪流，右有道路，前有池塘，后有山丘，即我们常说的“左青龙、右白虎、前朱雀、后玄武”。在河南，相宅是建宅前必不可少的步骤，相宅“讲究宅后要有‘靠山’‘案山’，宅前要宽敞，大门绝不能面对山丘、豁口、河沟、道路等，称为‘山剑’‘路剑’和‘水剑’”[49]。

大门的方位对于家宅来说意义重大，为一宅之“气口”，若“气口”或“冠带”安设不对，就意味着家宅不能与天地之气相和，人们相信这可能会招致灾祸。对于门的方位，人们认为南为吉方，开门朝南可以迎纳吉祥。安徽有俗语，“有钱建房门向南”“有钱难买门朝南，冬天暖和热天寒”；[50]湖南有“朝南起个屋，子孙好享福”[51]。但这个南方，通常不是指正南方，而多是指东南方，即八卦中的巽位。商人住宅也重风水：“商属金，南方属火，火克金，商人为图吉利，故大门不向南。即使地形适宜朝南，也不朝正南，而要偏斜向东南。”[52]从八卦风水上来说，坎是北方，自然属水，坐北朝南的宅子为坎宅，坎宅设门最吉利的方位是巽位，巽位在东南方，自然属风，风于水意味着生命的灵动、四季的变幻，致发家。南因属火，水火不相容，主大凶。但若是坐南朝北的宅子，即离宅，应在乾位开门，南属火，乾属天，天能生火、亦能生水，主吉。

另外，一般民宅不开“子午门”，子午门即中轴线上的门，如果是坎宅的话，那就是指正南方的门了。民间不仅在风水中讲究不宜开正南门，而且在百姓俗礼中，也忌讳开正南门。如安徽淮北一带，门虽向南开，但不能朝正南方开，“由于庙宇、祠堂、衙门都是正南开的子午门向，如家门正南，即是‘犯上’”[53]。山东大门的向口，大多数地方也忌正南正北的“子午向”，忌与庙宇同，一般设在院的中轴线偏左的一面。[54]普通百姓认为自己没有那么大的福荫，不可与天子、神灵同开正阳门，福薄命弱，必遭祸起。

对于门的开设方向，不同民族也有自己的说法。龙胜壮族则认为，大门开在正中会使祖宗不安、人丁不旺，因而将大门开在左侧；凌云等县的壮族宅门多朝东开，但不能和流水的方向一致，不然将导致家中所得会随流水流去，同时前门、后门开在一条直线上也不利于聚财；瑶族的宅门则跟随五行而定，金命朝北，木命朝南，土命朝西或南，火命朝东或南，水命朝西或西北。[55]总之，无论门朝向哪个方向，无论人们信奉哪种理法，宅主人求的都是自己与天地和合相处，与场所精神相宜。

所以，人们相信宅内与宅外是一个有机的整体，通过民间信仰可以使内外的对立得以消解。要使家门之内获得更加恒久的安定，封闭的意识是不够的，应该把视线从门内转向更大的场所环境，从自然、社会的角度来看待每扇家门的意义，家宅之内才可能获得真正而长久的“利”。

第二节
“上—下”结构中的功利性诉求

对农业文明而言，“天时地利”在很长一段时期的确是百姓生产生活顺利的基本保障。因而人们常借助“门”这个观念中的“上—下”枢纽沟通时序、表达节气意愿，门与天地沟通的表意活动也被引入了时间性。在此，“天”“地”虽有经验对象，但它又不仅仅是实体意义上的天地，而是被抽象化的人格概念。例如《道德经》中就有“天地不仁，以万物为刍狗”的观点。“天地”在此被理解为芸芸众生的造物主。落实到血亲人伦，门的“上—下”空间功能结构又包含着家族绵续的血缘关系。《礼记》中有“魂气归于天，形魄归于地”的表述。在中国人的观念中，人死后肉身“入土为安”，归于大地，灵魂却可升天，因此普遍认为祖先有“在天之灵”。血缘关系仍被看作处于“上—下”空间结构中，门同样在观念层面扮演着在世之人与已故亲人交流的中介。与天地的永恒性相比，人的意义并非体现在个体生命的长短，而是生命的延续。这涉及中国人对生死、血脉问题的态度，在世之人不是孤立的存在，他有先祖，又后继有人。

一、天地时序

几千年的农业社会中，农耕活动按四季时令而作，人的愿望是掌握时序规律，通过已获得的关于自然秩序的知识，让生产活动有迹可循。门作为居住空间中的重要枢纽，同时也被象征为时序空间中的重要枢纽。居住空间与时序空间以类比的方式在民间思维中被联系在一起，门在这里从实体之门抽象为时序之门。门的功能从出入、防卫上升为合乎自然，从应对人世的安危扩展到顺应宇宙的秩序，人依照时节特点，就日常生活所需，或防范，或祈愿。

时间是不可见、不可触的，人对无形事物的理解需依靠可见可感的参照物进行对象化处理。古人往往从生活、生产的实际出发寻找若干客观物象，如日月、草木、动物等，参照这些具有明显运动周期的事物进行纪年。与客观物象不同的是，人造物没有运动周期，是人通过一系列有规律的活动赋予了其时间属性。这些有序展开的循环往复的活动即为民俗，民俗活动的场所、器物由此具备了时间的迹象。关注物的“时间性”，应追问具体对象在人的主体想象中被置于何种场合、发挥何种功能，其中会涉及人对世界的理解和行动。对宅门而言，因其和人的日常生活关系密切，“时间”的观念投射也尤为丰富。

四时往复，岁终复始。先民对时间的认识有着从抽象到具体的过程，抽象建立在直观的基础上，先有“春秋”，后知“四时”，在不断累积的经验上，对时间的划分愈加细致、精确。中国古代社会以农耕为本，和门相关的“时间性”礼俗大部分与四季农时相关。那么，宅门在四时，或者在百姓日常生活中是如何被看待的？“人—门—时间”之间是一种什么样的关系？这或许可从“五祀”之礼中的祭“户”、祭“门”谈起。

“五祀”是中国古代社会祭祀俗礼中的五种神祇，门位列重要位置。“五祀”指的是“户、灶、中溜、门、行”[56]。人们为何要祭祀这五种庶物神？《论衡》载：“五祀，报门、户、井、灶、室中溜之功，门、户人所出入，井、灶人所饮食，中溜人所托处，五者功钧，故俱祀之。”[57]《白虎通》亦论：“五祀者，何谓也？谓门、户、井、灶、中溜也。所以祭何？人之所处出入，所饮食，故为神而祭之。”[58]先民认为，这些和出入、饮食等日常生活相关的事物关系着生命的安危和延续，具有超凡的威力，要应时而祭求诸事顺利。有些文献中记载从天子到庶人的祭祀对象是有差别的，天子祭祀的种类最多，诸侯、大夫、士、庶人依次越来越少。《论衡·祭意篇》开篇道：“礼：王者祭天地，诸侯祭山川，卿、大夫祭五祀，士、庶人祭其先。宗庙、社稷之祀，自天子达于庶人。”[59]同时，不同文献中对“五祀”的排序是有差异的，以致历代统治者在延续与执行“五祀”“七祀”时产生了不少困惑。

殷制五祀：户、灶、中溜、门、行；

周制天子七祀：司命、中溜、国门、国行、泰厉、户、灶；

前汉五祀：户、灶、门、井、中溜；

后汉五祀：门、户、井、灶、中溜；

晋代五祀：门、户、井、灶、中溜；

隋代七祀：司命、户、灶、门、厉、行、中溜；

唐初废七祀，《开元礼》又恢复七祀：司命、户、灶、门、厉、行、中溜；

宋代用七祀：司命、户、灶、中溜、门、厉、行；

明、清两代改用五祀：户、灶、中溜、门、井。[60]

“五祀”中，“灶”指灶神；“中溜”表示室中，“古者穴居，故名室中为中溜”[61]。在住宅范围内指保护家宅的土地神；两汉、晋代及明清文献中，以“井”代替“行”，皆指道路。其中“七祀”增加的“司命”“泰厉”则来自楚俗，是楚人经常祭祀的对象，“司命”指天神，“泰厉”“厉”均指无归宿之鬼。值得注意的是，“五祀”中的“户”与“门”是从未删减的祭祀对象，尤见古人对门重视及敬畏程度之甚。“礼曰：王为群姓立七祀，曰司命，曰中溜，曰国门，曰国行，曰泰厉，曰户，曰灶。诸侯为国立五祀，曰司命，曰中溜，曰国门，曰国行，曰公厉。大夫立三祀，曰族厉，曰门，曰行。适士立二祀，曰门，曰行。庶人立二祀，或立户，或立灶。”[62]从祭祀种类递减的等级约制来看，庶民祭祀的神祇最少，少到不可缺就最能体现祭祀对象的重要性和普遍意义。

“户”与“门”是指宅院中的哪座门？古代关于“五祭”的文献中没有特别明确的指向，但在祭祀的时间与作用方面有所论述：

岁星，东方也，东方主春，春主生物，故祭岁星，求春之福也。四时皆有力于物，独求春者，重本尊始也。审如儒者之说，求春之福，及（反）以秋祭，非求春也。月令祭户以春，祭门以秋，各宜其时。如或祭门以秋，谓之祭户，论者肯然之乎？不然，则明星非岁星也，乃龙星也。龙星二月见，则（春）雩祈谷雨；龙星八月将入，则秋雩祈谷实。儒者或见其义，语不空生。春雩废，秋雩兴，故秋雩之名，自若为明星也，实曰“灵星”。灵星者，神也；神者，谓龙星也。[63]

春祭户，秋祭门。“户”与“门”并非宅院中不同的门，似乎是祭祀时节和祈盼事由不同，故而称谓不同。如果把秋天对门的祭祀说成“祭户”，那就不对了。所以这祭礼本是对同一对象的祭祀，但不同时节，所求不同，所指发生了漂移，才有了“门”与“户”的差异。岁星代表着东方，东方代表春天，祭岁星求春天万物生长。古时秋天祭祀灵星的习俗流传下来，然而称谓不明，还常与春天的祭祀混淆，而黄帝称灵星为“明星”[64]，“明星非岁星”，所以对明星的祭祀是在秋天，而不是岁星所属的春天，秋天祭祀的其实是龙星。龙星出现在二月，八月将退，所以春天祭龙星是求雨让谷物生长，秋天祭龙星则是求雨退让谷物丰实。《白虎通·五祀》对“五祀”与时序的关系有进一步的解释：

祭五祀所以岁一遍何？顺五行也。故春即祭户。户者，人所出入，亦春万物始触户而出也。夏祭灶。灶者，火之主，人所以自养也。夏亦火王，长养万物。秋祭门。门以闭藏自固也。秋亦万物成熟，内备自守也。冬祭井。井者，水之生藏在地中。冬亦水王，万物伏藏。六月祭中溜。中溜者，象土在中央也。六月亦土王也。[65]

“户”是人出入之地，春天万物都经由“户”开始萌发，“户”象征了一个开端。灶是火之主，夏季属火，所以夏天祭灶。秋天万物成熟，祭门“闭藏自固”。冬天属水，万物伏藏，故祭井。六月属土，祭中溜。如此，“五祀”逐步将庶物的功能与四季、五行联系在了一起。

由此可以看出，“五祀”对“户”“门”的祭祀应该与门的两个基本功能——开阖有关，即开启——纳春，闭封——固实。虽然古代有单扇为“户”，双扇为“门”的区分，但很多时候，户与门指的是同一个对象。这个对象有着双重的空间属性：空透与闭合。在它的物理结构层面也对应着门洞与门板。从以上文献的表述也可发现，“户”指涉“出入”层面，而“门”则倾向于指出入口的障碍物，如曾承担这种功能的巨石、树枝、帘、席、门板等。于此，“五祀”中“户”与“门”的所指就清晰起来了。

古代先民意识到门的特性，并且巧妙地利用其矛盾的两个方面。对门的祭祀，从祈求世俗之维的出入、安保，扩展到沟通人类世界之外的物候秩序。其目的仍是获得世俗生活的顺利，但关涉的是超越人力之外的控制力。这种控制力来自泛灵世界，在人的观念深处，泛灵世界始终存在，弥散在人类世界的各个角落，无所不能，它们能掌控秩序，包括人的世俗世界。门成了人企图干预控制力的媒介和场域。

春天祭户求雨来，秋天祭门求雨退。如果对时间和秩序的控制力来自泛灵世界，那么人对这种控制力的干预除了寄托于物之外，更多的是依靠对控制力的了解，即对时间和秩序规律的掌握。规律来自世代的经验，以及应对时序特征总结的知识。除了“五祀”，古人的生产、生活均以农耕活动为核心，农耕依赖的是四时物候规律，一年中，和门有关的俗礼也随着时序展开，表达着百姓们朴实的应时愿景。

古人将一年 12 个月分为四时、八节、二十四节气，四时即春、夏、秋、冬。八节即立春、春分、立夏、夏至、立秋、秋分、立冬、冬至。而二十四节气则将一年中的时令划分得更为细致，可以说是古代先民对天地更迭规律的经验总结，世世代代指导着人们的农作及生活，不同节气到来时人们在门上进行的表意活动正是顺应节气和天地秩序的证明。因为顺应天地秩序，人才可以与天地相合，诸事才能顺遂。

以农耕生产为主的古代先民，一年的忙碌与闲暇都是围绕着时令农事展开的，正如《青神县志·风俗志·农事》所载：

每岁清明前后三五日下稻种，谓之撒清明，秧种烟之家栽烟苗；三月种花生，棉花；四月栽稻秧，凡栽秧之工，必饷以酒，收烟，收胡豆，荞麦菜子等粮；五六月耘稻田，莠草地中种高粱，玉麦，黄豆等粮；七月农人少暇；八月收割稻子，玉麦；九月收豆子，种麦子，胡豆；十月种菜子；十二月种荞子。一年之中惟正腊两月农夫闲暇，得以冠婚丧祭，修房舍，会亲友焉。[66]

根据节气，人们耕种相应的农作物，一年到头充实而有序，并以这些耕种习惯为基础，逐渐发展起来了各种传统节日。劳动与节日以一年为周期，年年岁岁交互而有序地推演，形成了我国特有的节俗习惯。我们可以在这些礼俗中看到许多顺应天地时序的门祭活动。

春节。古时称春节为“元日”“元旦”“新年”，现在一般指农历正月一日，旧时人们过春节意味着从“祭灶”（腊月二十三日）开始，因为祭灶已经是与新年相关的节日了，并一直延续至正月十五日元宵节，也有到正月初五结束的。[67]春节是一年中最隆重的节日，象征着新一年的开端。在这个新的起点，人们会用各种充满寓意的方式开启新的一年，以求吉祥丰顺。王安石曾作诗《元日》：“爆竹声中一岁除，春风送暖入屠苏。千门万户曈曈日，总把新桃换旧符。”新年在爆竹声中开启，新年第一次开门在人们看来是神圣而充满玄机的，在这天，为了使以一年为周期的时序有个好的起始，门也要完成许多迎新的内容，主要包括了避邪、祭门、开财门及迎喜神等。

清道光《延川县志》：“正月元旦，鸡鸣起，用蒜喷门，始出。以香烛，粢盛祀神及门，灶，祖祢，然后拜父母、尊长，凡戚友交相拜，曰拜年。”[68]旧时用蒜喷门应该是为了避邪，以香烛、粢盛祀门则是求门神保佑，而避邪与护佑实际上是我们有求于门最基本的两个方面了，至今各地初一仍有门上避邪的习俗：“江南一带家家户户门窗上挂个雄鸡模样的剪纸，叫作‘鸾鹘鸡’，习惯称雄鸡，用以避邪。”[69]广西的毛南族这天要将挑柴扁担插在门口，上端挂秤，下端系刀，意在保人畜安泰兴旺[70]，也是避邪祛灾的一种手段。

立春。立春是二十四节气中的第一个节气。是日，古人有在门上张贴迎春字画的习俗，字如“迎春”“春光明媚”“春暖花开”等，画如蜡梅图等。[71]“许多地方、家家户户都要举行接春仪式，在户外设香案，摆供品，焚香点烛……皖西一带，用红纸写上‘迎春接福’的横幅贴于大门之上，然后叩头放鞭炮。淮北一带，立春日黎明时，在大门外插一青色旗子，象征大地回春，万物苏醒，以示迎春。”[72]这些迎春活动是为了春耕有个好开端，表达了人们对春天的祈望。

上元节。上元节为正月十五日，又称“元宵节”。清嘉庆《新繁县志》：“上元以十四、十五、十六日为期，城内外人家皆张灯门首。”[73]此俗延续至今，上元节赏灯已经成了我们民俗活动中的重要部分，也是春节活动中的一大高潮。而旧时这天还有祭门之俗。《荆楚岁时记》载：“正月十五日，作豆糜，加油膏其上，以祠门户……其法先以杨枝插于左右门上，随杨枝所指，乃以酒脯饮食及豆粥、糕糜插箸而祭之。”[74]我们会发现古人在重要的时间节点上均有“祀门”之俗。

惊蛰。惊蛰是第三个节气，正值仲春，万物开始苏醒，当然也包括毒虫，因此，惊蛰一到，人们就开始防虫防害。“在惊蛰到来的时刻（农历上有注明），各家在大门口、堂屋中央用石灰粉画一把弓箭或虎叉，箭头、叉头指向门外。”[75]大家相信，如此引导，就可使毒虫走出门外。

立夏。立夏，民间旧俗忌人坐门槛上[76]，不然会在夏天里精神疲倦，一年多病痛。但这禁忌在不同地方有不同的体现，有时正好相反。在福建，罗源、宁德两地，在立夏日都有和坐门槛有关的习俗，前者忌坐门槛，防生夏病，后者则有妇女这天坐门槛象征腰杆硬朗的说法。[77]可见，尤其在立夏日这天，门槛的确被人们赋予了一些特殊力量。

冬至。冬至在福建有搓圆团聚、祭祀祖先及“粘圆于门”的习俗。清《闽杂记》载：“今福州俗于冬至前一夜，堂设长几，燃香烛，男女围坐作粉团，谓之‘搓圆’。”[78]但这用粉或米搓的“团”“丸”“圆”有的地方还需粘在门上，寓意也不尽相同。

图3-5　广东省梅州市大埔县西河镇北塘村民居大门上春节拜佛求得的保佑家宅的符，2018。

搓的“圆”有小粉丸与大粉丸两种，小的煮熟后加上糖吃，大的煮熟后则放在拌有糖的豆粉中翻一翻，称作“糍”，因此福州搓圆也叫“搓糍”。娶新妇的人家，这天要由新媳妇主持，糍搓得越多，说是日后孩子生得越多……冬至日，有的人家还把少许煮熟的糍贴在大门两边，表示阳气旺盛，当地民间忌送糍（送死）于他人……在厦门“冬至……各祭其祠，舂米为圆，谓之‘添岁’。粘米圆于门，谓之‘饷耗’”。在南安，冬至“各家以糯米和糖为丸，祀家神祖先，谓之‘添岁’。仍粘丸于门扉间……”在漳浦……“又做细丸遍涂门户器皿中，号‘祀耗’，谓可禳耗斁……”……漳州民间传说，冬至夜是老鼠娶亲的日子，以丸子粘在门户与器皿之上，老鼠吃了可免再损坏家中的衣物……南平地区各县，也以糯米粉圆子祀先人，并且还把它粘在果树与门上，据说以达阳气……尤溪、大田等地以糯米圆粘在门上、果树上不是为了“饲耗”，而是取其圆以达阳气。[79]

冬至日是北半球一年日照时间最短的一天，冬至过后，北半球的日照时间逐渐变长，周代曾以冬至为岁首，取其阳气渐起之意，如今“添岁”的意思大概与旧时以冬至为新年岁首之俗有关。而团丸粘门因其形圆故愿“以达阳气”，盼望阳气日盛，寒冬早日过去，春天快点到来。

腊月初八，各地都有吃“腊八粥”的习俗，意寓新年人寿年丰，五谷丰登。很多地方，邻居好友还有互赠腊八粥的习惯，并在果树、农具、门窗上都涂上腊八粥[80]，这些都是对来年丰顺起到关键作用的物件，在门上涂粥是希望门能与时相应，尽其职责护佑家门。

除夕。除夕是旧年最后一天，人们都在为迎接新年做准备。清嘉庆《新繁县志》：“岁暮诣坟挂楮略同清明，除日换桃符，酌椒酒，相拜揖，谓之辞年夜，焚楮钱于道。”[81]此外，除夕这天人们还喜欢用彩纸剪吉祥图案挂在门上，称为“挂乐”，连云港称“挂浪”“门吊子”，阜宁称“门钱”，苏中一带则贴“喜签”[82]，抵挡鬼魅不得进门。为了避邪，人们还会在门上画弓、箭、戟。“拦门棍”的习俗很多地方都有，“胶东等地……下午在大门口放上一根两米长的桃木棍，叫作拦门棍，据说既能拦住财宝不流失，又能避邪……日照奎山一带，拦门后在院内泼水，用红纸条缠裹木炭一块，配芝麻秸一棵，门两边各竖一束，叫做‘把门将军’”[83]。年饭之后接灶王，“接灶与送灶仪式大致相同，要点烛、焚香、烧黄表、烧疏、陈供品、供马料、点灯笼。所不同的是不必祷告，先到大门外烧香磕头，后到厨房间灶神前叩头，这表示已接回灶神”[84]。

除夕日晚上还有门上俗礼，“苏北除夕夜，家家门前点一堆火，全家人一个一个接着跨过，称‘跨囤子’，象征消灾降福、生活兴旺”[85]。门外生火消灾的活动还有其他方式，寓意大致相同：“武进人在门外安锅子，四周架36根树柴，中间以豆萁、松柏枝燃烧，称‘焰炉膛’，同时放爆仗；再选取未烧完的一些残枝放在门旁，称‘撑门柴’；又将脚炉盛砻糠，以焰炉膛火引燃，通宵不熄，称‘过年脚炉’。”[86]这些乌炭被认为是有护卫作用的避邪物，除夕放在门侧谓之“炭将军”，可驱邪避祸。

各地还有“关财门”和“封财门”之俗。“关财门”是指家人在吃年饭时，关上大门，不让外人闯入，认为“踏破年关”是不吉之兆；“封财门”是在深夜子时前，放鞭炮关门，初一凌晨再放鞭炮开启财门。[87]至此，人们兢兢业业过完了一年，一切准备就绪，等待翌日将大门开启，迎来崭新美好的日子。

一年中，几乎每个重要的时间点，百姓都会在门上展开应时俗礼，忙碌而有序。这些礼俗经世代流传，至今已有不少变化，且各地各有所重。以上列举部分四时门俗只为呈现人在一年中对门应时祈愿的基本情况，具体俗礼的流变轨迹及原因探析应能发现前人观念世界更为丰富的内容。这里希望强调的是，门是一个界域，一边是百姓采用当季所出或与该季特性相关的物什，或迎纳、或压制此时的物候变化；另一边，通过这些富有力量的物什，经由门去干预那未知之境中掌控时序的控制力。因为门可开阖，能够灵活调整迎纳或规避的对策。渐渐地，应季物什以及那些悬挂相应物什的门，均被染上了季节的印象，成了时间的符号。门俗也成了人标记时间的一种方式，在人多重的感知系统中发挥着作用。然而，控制力的干预是不能使人完全确信的，但人需要对时间进行参与、记录。尽管一切门俗的目的都指向功利的现实生活，但更重要的是，时序俗礼能给人带来有关存在的痕迹与记忆。

上述谈到的时序门俗又以“天地”的空间维度为基础展开。严格说来，中国传统文化中的“天地”是一个很模糊的概念，儒、道分别从不同角度对它进行解释。此处的“天地”，并非一个实体概念，主要指的是人身处其中的自然世界。对农业文明而言，最为直观的体验来自与生活、生产紧密相关的“物候”，而它又在时间的维度中不断地发生变化。门祭正体现出人们生活、生产中最为基本的诉求，即通过“顺天应地”展开相应的表意活动，应对时序的变化。归根结底，这样的活动仍然充满着对“生”的肯定和对人世的依恋，它从未因对“天地”的思考而“迷失”于彼岸世界。

二、血缘之维

对门神圣力量的深信不疑，使人们认为通过门不仅可以通向人间社会，也可通向神鬼之境。古人认为祖先死后灵魂仍然存在，它会成为泛灵世界中的一部分。民俗中，与祖先的沟通不仅出于对先人的缅怀和悼念，更出于家族传承的精神依托。绵续具有一种时间性，家族绵续意味着生命的交替与延续。在很多人生、年节的重要时刻，人们都会迎祖进门，至少在心理层面起到血脉团聚的暗示作用。

但是，这里好像存在两个逻辑上的悖论。首先，去世亲人要进入在世之人的生活空间，它仍被想象为需要通过“门”这个“内—外”意义上的空间枢纽。这似乎是一个空间想象上的“谬误”，因为亲人的魂魄是存在于“上—下”维度中的。其次，在世之人一方面想念去世亲人，经由门与其沟通、往来；另一方面又希望逝去亲人能够尽早离去，不要再眷恋人世，打扰后人的在世生活。但这两个悖论又符合着现实逻辑：一方面，人们的想象仍然来自切身的生活体验，毕竟现实中他人进入自己的生活空间都需要在“内—外”维度中通过“门”进入；另一方面，逝去之人和在世之人毕竟“阴阳相隔”，中国民间文化仍然首先立足于对“生”的肯定，这是大多数民俗活动的基本出发点。对于这个问题，李泽厚曾有过颇具代表性的阐述：“孔子不是把人的情感、观念、仪式（宗教三要素）引向外在的崇拜对象或神秘境界，相反，而是把这三者引导和消溶在以亲子血缘为基础的世间关系和现实生活之中，使情感不导向异化了的神学大厦和偶像符号，而将其抒发和满足在日常心理—伦理的社会人生中。”[88]对于深受儒家思想浸润的中国民间社会，又何尝不是呢？（图3-6）

例如，人们迁新居时举行的各种门俗活动就往往体现着家族血脉相连的观念。家人不会因为亲人的过世而隔断家族的整体性。乔迁之时，人们寄希望于先祖也能够一同迁入新宅。例如福建人迁居有烧火把（或称“接火种”“迎火种”）的习俗，寓意香火、风水不因居所的改变而中断。闽北一些地区，迁居日凌晨即开始准备，在旧居将饭煮半熟装好，

图3-6 陕西省渭南市韩城市西庄镇党家村民居，2019。门墩上的香炉代表香火不断，花瓶代表平平安安，表达了民间对于血缘绵续的重视。

再备齐其他厨房用品，点上火把，跪拜祖先，带上牌位、家畜前往新居，“前后各一火把分别开路和扫尾，意在‘避鬼’。到新居门口，前一支火把放在门口。燃过鞭炮，一行人分别从火把上跨过，以免‘鬼怪’相随而入、扰乱家庭安宁。进入新居后，说些吉利话，点上香烛，把祖先牌位置于大厅上，跪拜后，将后一支火把引入灶台生火蒸饭，以示接‘火种’”[89]。

七月十五为中元节，是祭祖的节日，也是鬼节。[90]祭祀祖先很多地方都是上坟祭祖，但山东淄川这天有请祖回家祭祖的习俗。他们请祖先的方式就是在大门顶上插五谷穗子，插在大门顶部，则能使回来的祖先远远就能看到高出的标记，同时五谷象征着“马”，家人还考虑到，等祭祀完毕，祖先可骑马归去。[91]民间这天也有“躲鬼”的风俗，广西“有的人家在七月十四晚紧闭大门，或在大门上插用桃枝茅草制成的‘避鬼标’，以防鬼进家作祟……”[92]十月一寒衣节，也是传统鬼节，清代道光年间的《神木县志》载：“十月一日，前夕，各家市冥纸，剪冥衣，焚于墓前或大门外，谓之送寒衣……”[93]很多时候祖先的墓地和后人的住处相距较远，不能时时到坟前祭拜，人们就会就近择地行祭祖之礼。由此可以看出，大门不仅可以分隔在世之人的生活空间，也可分隔、沟通阴阳两界，所以鬼节送寒衣选择在大门外焚烧冥衣就是顺理成章的事了。

除夕也是家族团聚的重要日子。光绪《黔江县志》载：“除夕换桃符，爆竹，治酒，馔祀祖先，家人相聚食，曰团年。”[94]除夕的祭祖比较隆重，包含了一系列流程，首先就是要请祖。在山东，一个家族中的长者要率几个子孙去村头烧纸请祖，到家门处请门神让路迎回祖先，然后进门、点烛，并在门口横一木棍，防止其他鬼魂进门。[95]请祖先回家，进家门要拜求门神让路，亲人之魂才可回家，而拦门棍则是为了拦住不相干的鬼魂，于此也可显现民间寄望门来沟通鬼神世界的功能了。

另外，从各地的丧俗中可以看出人们对生死的态度。家中长者去世后，除了要向外界报丧之外，有些地方还有招魂之俗。古时的招魂之俗称为“复”，意为祈求死者复生。在湖南平江，亲人在门前点上“路灯”，为死者照明；湘潭民间，人死后要为其送魂，人们杀一只雄鸡，将鸡血从尸体处滴到屋门口，意为指引亡魂从这条路线出门。[96]

小殓。在民间，家人刚刚断气后，要为其洗身整理遗容，其后更衣，叫“小殓”[97]。小殓后要行“送亡魂”礼，即烧轿、烧纸马。家中孝子带领亲族把死者贴身的衣服哭送着送到大门口的纸马和轿中，呼送逝者上轿、上马后，焚烧，即为送亡魂。“在信阳一带，送亡魂后，还要用外棍卷烧纸，以麻绳相捆，插于大门外，称作‘望乡台’，以让离开之亡灵望乡而不致魂迷。”[98]虽已阴阳相隔，但这“望乡台”使孤魂不致找不到家门。

出殡。出殡是丧礼中的高潮。其实，从孝子及众家属出门给亡者下葬到下葬完归家，经过门口的时刻都受到了格外的重视。陕西民间“门外设香案，孝子跪于两旁，亲友焚香化纸拜奠于案前，谓之‘门祭’”[99]。山东宣化、河北蔚县等地，丧家把棺材抬出门后也要举行门祭，“棺材抬至院门外，将棺材头朝墓地方向放到事先摆好的长条凳上，先将死者生前用过的枕头在棺前点燃，孝子则匍匐地上，放声痛哭”[100]。接下来就是孝子持引魂幡、捧灵牌、摔老盆、抬棺柩。“出棺时，由亲友帮忙，将棺柩抬到大门外，长子在前，一手持‘引魂幡’，一手举‘老盆’（陶罐），棺出大门时，随手摔碎老盆，俗话说：‘老盆一掼，家业一半’，‘掼老盆’是限于长子操持。有的地方，门口烧一粟炭火，棺从火盆上经过时，将一碗白酒浇在熊熊烈火上，升起一股火焰，棺从火焰中抬过去。棺上披一条红毡，上面拴一只公鸡，以示驱邪。前面一人敲大锣，一人撒‘买路钱’。”[101]持引魂幡、摔盆也是一种继承象征[102]，一般由家中长子完成。若有多个兄弟，则长子打幡、次子摔盆，持幡、摔盆者一般就是逝者的继承人。当然，摔盆也有摔掉晦气的意思。[103]但也有不同的丧俗，广西隆安、天等等地，“出殡时，孝女持火把前导，抬灵柩出门时，孝子五体投地，伏跪于门前，让棺材从头上抬过，称‘垫丧’或‘负棺’”[104]。

孝眷返家。出殡仪式完成后，丧葬活动还没有结束，孝眷返家也是丧葬活动的一部分。各地孝眷从坟地返家时还有些仪式，其主要意义在于强调生者和逝者的生死分隔，以及对生者未来生活的祈愿。在河北，“送葬返回家门时，有一个翻刀仪式，即在院门口放一只盆，盆内放一把菜刀，有的地方还在盆内放些碎饼块、碎馒头块，孝眷从坟地回家，在院门将盆内的刀翻一个个儿，再进家门，放干粮块的地方还要将干粮块咬一点儿并将剩下的隔墙抛入院内，然后才能进门，意为从此砍断阴阳路……在张北县，孝眷从坟地回家，在院门外脱下孝服，隔墙抛入院内”[105]。在福州，“送葬队伍返回丧家门口时，须逐一跨过一堆正在燃烧的稻草，并到灵堂向遗像鞠躬，同时向孝眷表示慰问”[106]。陕西“门外点燃柴草，人人须跨火堆进门，以祛除不祥”[107]。河南有些地方，“众孝眷到家时，大门口早已放一泔水盆，盆上放把菜刀和笊篱，水中放若干铜钱或硬币。孝子们用刀在盆沿磨几下，再用笊篱到盆中捞一下，叫‘捞富贵’，以为谁捞得钱多，谁的福气就大”[108]。无论是孝眷将有寓意的东西隔墙抛入院内，还是在门前跨火堆，都是对阴阳相隔的分离仪式。如果说丧礼以来的这些日子是对逝者的不舍与哀别，那么返家后即意味着丧礼结束，亲属们就要止住哀思，接受与亲人阴阳相隔的事实。丧事完结，霉运也跟着走了，人们要重新回到日常生活的轨道上去。

从民间丧葬的整个过程来看门的作用，首先门是要用来报示丧讯的，一方面对世人明示逝者死亡的信息，另一方面大门还要为逝者指明离开的路线，并通过标记（如望乡台）使逝者魂有所依。其次，出殡时出门与孝眷返家进门，实际上是人们在完成与逝者的分离仪式。值得注意的是，在这两个方面，门始终连通着阴阳两个世界。逝者可以通过大门走进另一个世界，生者也可以通过大门与泛灵世界沟通。

总体来说，死是人生的一件大事，是必须要经历的事情。但人终究无法获得对死的直接体验，只能依靠他人的离世来感同身受，我们对于生死的观念也来源于此。门界于生死之事的功能是隔断阴阳、又联系阴阳，这促使我们追问：生死分隔的深处究竟体现了怎样的文化判断？

首先，亲人的离去对于人们来说是件无比哀痛的事情，生者如何接受？这就涉及生死观。山西闻喜、浮山等地在小殓后有在大门外挂“缟门纸”（或称“孝门纸”）的风俗，即将白纸剪成花絮状挂在大门外，出纸数按逝者年龄计算。晋南有些地方还要用麻绳在纸上挂一个枣和一块木炭，“枣”劝逝者早些与世人断绝往来，“炭”是劝逝者淡忘阳间生活。[109]从这一“枣”一“炭”可以看出民间百姓在生与死的问题上，仿佛更看重生，因为“枣”与“炭”都是主张逝者既然离去，就不要纠缠，要使生者早日从悲伤的情绪中走出来，回到生活的正轨上。

其次，既然民间俗礼希望逝者早日离去，那是不是意味着我们传统文化中不重视死呢？并非如此，从我们丧葬习俗繁复的礼仪就可以看出人们对死的重视。儒家重视孝道，而丧葬之礼就是体现孝道的重要事件，而且古儒尤其重视家族的血脉关系，一人之死，实际上关系着整个家族，这甚至不是一个家庭的事情。所以，从儒礼来看，亲人虽仙逝了，但只要后继有人，就会族脉不断。死不是一个个体的事情，而是关系到一个家族整体性的事件。此外，我们血脉传承的教育很多时候都是在对先人祭祀的过程中进行的，通过对先人的追思，使生者得以自明自己的归属及位置。

毕竟生死，决然的分隔是必要的。在民间，亲人离世、棺柩出门，意味着从此阴阳相隔。但这种阴阳之隔是无法阻断族脉相连的。所以许多重要的节日（如清明节、中元节、十月一、春节等），各地有请祖、祭祖的习俗，这个时候，大门的功能即由分隔转向沟通，许多门俗体现的正是人通过门沟通生死两界的方面。如山西临猗、闻奇、翼城一带出殡前一晚有请祖的习俗，请祖要去本村的四门：

孝子孝孙跟办事人到村外敬两炷香，烧一卷纸，由原路返回，到门口时，家中女儿、媳妇等，在哭声中迎出门，亦随孝子孝孙返回灵前磕头，祖先算是请回。[110]

去村中四门请祖，是人们考虑到祖先灵魂可能从四面八方回来，所以要到各个关口请祖，以免遗漏、不周。在接祖的孝子孝孙回到到家门口时，家中女眷出门哭迎，家中后生共迎先祖回家，虽然已经阴阳相隔，但这时家门破除了阴阳之界，使血脉、族脉团聚，以短暂的“消解”，获一时之团圆。这一时之团聚足以使家族的绵续有了长久的依托，从社会关系来看，这更体现出儒家对生命群体关系的重视。因为从群体关系来看，对逝去先人的不断追思可以使族脉这个小群体长久而稳定地延续下去，那么死也不是那么无法接受的事情了。从一个家族与世长存的理念看个体的生死，那就成了家族绵续中的一个环节了。于是，在这样一个血亲、家族的群体关系中看待生死，死是暂时的，群体里共同追求的是族脉不断，绵续不止，重要的是后继有人。我们知道民间丧葬出殡前，孝眷出门祭祀并由孝子持幡、摔盆，这就象征着继承者的交接。在这层意义上，由于“继”的接续，“死”对于家族的绵续性来说，具有更关键的意义，这种“继”因此还是一种“生”的象征。（图 3–7）

图3–7 山西省临汾市襄汾县丁村第 22 号院外面的门墙上刻着“祖宗虽远，祭祀不可不诚”，表达出宅主人对孝敬祖先，维护家族血缘的重视，2019。

第三节
与灵同在：门俗的基本行为方式

中国传统民居中，宅门是尤为特殊的物理部件：它是开阖之隅，是区别内外空间的关键点。按照英国人类学家泰勒的著名论断，泛灵论是大部分宗教的信仰基础，也是原始人认识世界的基本方式，即认为一切事物都是有灵魂、有生命的。实际上，泛灵论是人类普遍存在的思维方式，即使在今天仍然如此。门所具有的对立又易于转化的特质让其在实用功能之外承载了丰富的文化功能，似乎是一个能沟通“超越”领地的媒介，助人达成愿望。与此相关的门俗活动中，人对门实施一些特定的行为，仿佛事态能根据人的意向在这里发生变化，其中包含了一些基本的行为方式：通过标记在门上叙事，表达认知，传播消息；将一些有象征、隐喻意味的物件置于门上，以类巫术的方式表达善的诉求；在以物祈愿的基础上更进一步，于仪式活动中以一系列身体行为强化情感的触动力。通过这三种行为方式，门在人的意向下其功能似乎已伸向无垠。

一、标记与悲喜之讯

乡土社会中，家中每遇人生大事需昭告外界时，家人常在门上做标记，将事情的具体内容一一呈现出来，外人可从门上看到家人想要传达的所有信息。标记于门，使家中的变化以向公共空间展示的方式让更大范围的人群获得知悉，通过公之于众的方式使消息在社会层面获得合理性。要使门上的信息传达无误，一定区域的居民需要形成共同的表意语汇，这些语汇多来自古俗，经代代传承，虽有流变，但保留了基本的形式。

婴儿降生，家人在家门上做标记，向外界告知家中喜讯。无论出于卫生考虑，还是传统习俗禁忌，此时都不宜外人登门，以免为新生儿带来病患与灾祸。《礼记·内则》记载："子生，男子设弧于门左，女子设帨（佩巾）于门右。"全国很多地方都保留着这个古老的产育习俗。陕北佳县"生了男孩，要做一张小弓挂在门上，生了女孩，要在门上挂一小块红布"[111]。以此寓意孩子长大后，男孩勇武，女孩灵巧，同时亦能明示生人不得入内，避邪禳灾。婴儿降生，各地标记也有不同，但常会选择相似的标记物。在天等，有男孩降生的人家于大门门楣上插柚树叶，女孩降生则插黄皮果叶；金秀部分瑶族（花篮瑶），生男孩的人家门上插山茶树尾，生女孩的插金竹尾……[112]

家中有人去世也是标记于门的重要事件。丧葬门俗中，丧家在大门处向街坊通告丧讯，使人们一见标识，即可知晓逝者为家中何人、官职品级、生卒年月日时、殡葬安排日期，最后是孝子姓名，以防报丧疏漏、亲友吊唁无序。并且，在传递信息方面，大门各个部分都能被人们运用起来。在晋中，家中有丧要在门上糊白纸，如逝者为家中年长的户主，则街门两扇全糊白纸；如夫妇有一方健在，则遵循男左女右的习惯糊其中一扇；如逝者为家中小辈，双亲尚在，则只能在门额处垂贴一张白纸。[113]在陕西，家里亲人去世后，家人用纸幡在大门处显示家有重孝：

> 报完丧后，丧主家还要在大门外高悬"望门纸"，关中称"纸幡"，形如筒状，中空，高丈余，直径二三尺，周围粘上许多长串白纸条，用剪刀剪成连环铜钱状，挂在竿头，栽于门前，并在门外竖"丧告牌"，丧告用一大张长方形的白纸，写上亡者的姓名、属相、生卒年月日及子孙姓名等，贴在木板上，置于大门外，以示家有重孝。在陕北的佳县、清涧、吴堡等县，丧主家则是在大门外挂"岁岁纸"，按死者的年龄，每岁一张白麻纸，用剪刀一正一反剪成连环的长条絮状，男死，挂于大门的左侧；女死，则挂于大门的右侧……[114]

各地报丧于门的形式虽有差异，但目的大致相同。门作为关键的空间隔界，尤其在信息时代之前的熟人社会，它是对外发布消息最正式、最权威的媒介。这些带有实际功能的表意活动如今已衍化为一种俗礼，不仅用来发布消息，也成了传统丧礼中的一部分。（图 3–8）

门之所以成为礼俗中助人向外界表意的重要媒介，正在于它作为开阖之隅在空间上的“临界”特性。根据一物之特性而为之增添相似的衍生功能，与特定时代、特定地域的思维结构有关，这个思维结构即福柯所说的“相似性”的“知识型”，个体受

图3–8　陕西省渭南市韩城市西庄镇党家村民居大门上粘贴绿色的门联，意为有家人去世，也是标记于门的一种方式，2019。

其支配而难以跳出结构之外进行思考。这种知识型也常见于中国传统文化中，如五行、颜色、方位、吉凶等都被看作同构的，它们具有相似而相互影响的关系。在民间文化中，将家宅与其他抽象的观念空间进行类比也是非常普遍的。由此，宅门的“临界”角色便会跳出现实空间范围而被比拟于各种观念空间之中，人们希望通过对宅门实施“干预”行为而在其他观念空间中留下“痕迹”。如门在现实空间中的临界角色同样会体现于“阴间”这样的观念空间之中，亲人死后同样需要经过宅门而“离去”。

将悲喜之讯标记于门体现出传统社会中的认知心理结构及信息传播方式，实际上，这些活动的诉求又不仅仅局限于认知与信息传播。例如上文提到的陕北佳县，生男孩在门上挂弓，生女孩在门上挂红布，就已经带有强烈的期盼意味，即男孩长大后擅长用弓（善武），女孩长大后擅长用布（针线活儿）。此种方式虽已衍化为日常习俗，但仍能看到其巫术渊源。挂弓挂布意味着儿女长大后将接触这些物品，这正是人类学所说的“接触巫术”，也是下文即将阐述的话题。又如不少地方亲人死后家人在家门口悬挂枣和炭，谐音“早（日）淡（忘）”，以“模拟巫术”的方式告知逝去的亲人：早日离去，淡忘人世。它既是标记，又是期盼。

二、“类巫术”与善的意向

由于门在空间隔界上具有帮助不同空间信息传递，帮助事物状态转换的功能，因而备受百姓的重视，认为其对于内部家宅的吉凶祸福具有不可忽视的控制力。因此人们在门上施加一些类似于巫术意味的表意活动，合着人们“善”的意向助人达成所愿。象征与隐喻是两种在门上进行“类巫术”活动的常用方式，表达百姓淳朴的求“善”意向，渴望门能按人所愿护佑世俗生活。这里的“善”，并非局限于伦理学意义上的“善”，而是着眼于实践理性层面的“善”，即在功利层面对符合预期的结果之追求。

“象征”一词的词源意义是两块相互印证的信物，是以人为的方式建立起来的一种一一对应的指代关系，所以它是在某个文化群体内，依具体的历史渊源形成的约定俗成的指代关系。例如基督教文化中人们用数字“3”象征三位一体，衍生出用直角三角形象征圣父、圣子、圣灵的关系。中国文化中用数字“2”象征阴阳，民间又以此象征完满，所谓“好事成双”即着意于此。稳定的象征关系一旦形成，就会使人们相信两者或多者之间在冥冥中具备着关联性，它们可以跨越空间和时间产生作用。这正类似于人类学所谓的“交感巫术”。隐喻也是人类最常见的思维方式。雅可布逊区分了两种基本的思维模式：相似性和毗邻性，以此建立起两种最常见的巫术方式，与之对应的修辞方式是隐喻和换喻。福柯也说过文艺

图3-9 广东省江门市开平市塘口镇自立村碉楼门上春节期间悬挂的葱和橘子，用音似的手法隐喻“聪明”“吉祥”，2017。

复兴时代的知识型就是以相似性为基础的，实际上隐喻在人类的表意实践中是很普遍的一种方式，在民俗中，形似与音似是两种常用的隐喻方式。（图3-9、3-10）

例如，门的选材往往通过发音的相似性，把谐音与木材的吉凶相关联。而把木材的生长特性做人格化的比拟则是一种象征方式；门的尺寸通过融合阴阳、五行、九宫、八卦等思想，用数字象征人与天地的关系及吉凶祸福；家中添婴时人们也会在门上悬挂各种象征物，为孩子的生命与健康祈福……除此以外，与门相关的数字也遵循着谐音求吉的规律，“在光山一带，制门时每扇门只许用三块木板合成，这样两扇门加起来，便是六合板，民间认为，

图3-10 山西省临汾市襄汾县丁村民居大门上的雕刻。蝙蝠是中国民间非常普遍的装饰母题，意图在于以音似的方式隐喻“福”的降临，2019。

六者，禄也，吉祥有福”[115]。在江苏，门上的横木根数只能是四或六，取意“四四如意”“六六大顺”，忌用三（“三煞”）和五（“五鬼把门”）。同时这横木穿榫忌用内穿榫，而是要一半嵌在门板内，一半露在门板外，若穿榫全部插入板内就似“穿肠过肚”，屋主大凶。[116]

门上的构件也常常用来表达人的意愿，它们作为门的一个部分，代表门承载着人们的愿望。如门环与铺首除了实际的用途外，其造型也往往有着特定的含义，帮助大门为家宅祈福。受佛教思想影响，民间百姓也会在门上饰佛手铺首衔环护佑家宅。如图 3-11 所示，门上铺首为双手握拳状握住门环，如佛教相印一般，“佛”不仅与“福”音似，佛手的

图 3-11　山西省临汾市襄汾县丁村第 6 号院大门的手形铺首，2019。

暗示也有使人拥有智慧的愿望，用于大门上意在为家宅消除黑暗、烦恼，求家人平安，富有智慧。又如图 3–12、3–13 所示，大门铺首往往采用民间传说中椒图的造型。传说中的椒图为“龙生九子”之一，形似螺蚌，后者在遇到外物时总会紧闭身体的外壳，因此人们常常在大门上制作椒图模样的铺首，以此寄希望于它对宅子的保护。在此“类巫术”中，隐喻与象征的手法都有所体现，椒图因有螺蚌的造型而具备了封闭和不易进入的特征；而千百年来民居大门上采用椒图的造型来强化门空间的闭合性，已经成为一种约定俗成的象征方式。此外，一些大门上的铁饰还会设计成富有寓意的造型帮助门满足人的功利性诉求，如剑、太极图、宝瓶等。剑作为一

图 3–12　山西省运城市新绛县泽掌镇光村民居大门上的兽形铺首，2019。

图 3-13　山西省运城市万荣县高村乡阎景村李家大院李敬人宅院大门上的兽形铺首，2019。

种武器，具有防卫性与攻击性，在传统社会的观念中，剑又有象征身份和避凶镇邪的功能。有时以铁饰装于两扇大门的对缝处，叫作“阴阳剑”，其意为避凶镇宅。[117] 门扇上用太极图做门饰是较为常见的。在传统文化中，太极是万物的本原，可以产生天地阴阳，阴阳运动变换可产生金木水火土，五行又能生四时，四时生八卦。所以民间百姓把太极图运用在门的装饰上，有着顺应天地万物秩序的意义，规避冲突，为家宅纳福。宝瓶不仅与平安的“平”同

图 3-14、3-15　门上悬镜。安徽省
黄山市黟县西递镇西递村民居，2015。

音，而且还是佛家的法器，如观音瓶，此外，瓶在古时还是明器，具有安魂、佑生的含义。[118]

当然，门上悬物也是门上求“善”的惯用方式，且在各个地区都较为普遍。（图 3-14、3-15）“过去福州地区一些居民，喜在大门挂八卦或阴阳五行图，用以象征风水宝地。门楣正中挂一面小镜子或悬一个箩筐，中间放一把剪刀或悬一红条，写上‘福’‘禧’等吉语或符咒；镜子周围绘有八卦，俗称‘照妖镜’，迷信者以为此镜可将别人家的‘煞’气挡回，故称‘挡煞’。今福州鼓楼区‘三牧坊’巷中仍可见高悬的门镜。除悬镜外，沙县习俗有在大门口悬挂‘弯把锯’，以示驱除百邪。闽南龙海等地民居厅门上有安置‘牛担’为架，象征兴旺有力，万事敢当；有的人家门上挂龙眼叶、新竹筷，以呈祥瑞。在石码，则于门前挂一竹编‘格子扇’，上画一桃形‘福’字，并在竹格上方写诸如‘颍川’‘西河’等宅主姓氏郡望。”[119]

人们根据某些事物本身的特性，借助其特有的力量来护佑家宅，形成了民间共通的“类巫术”表意语汇，这是典型的象征手法。除了门上常年悬挂镇宅物，传统节日里避邪纳吉也经常使用门上悬物的方式。如端午节门悬艾草、菖蒲，是通过它们形状与“虎”和“剑”的相似性，从而强化了它们在门上驱恶避害的功能。

端午节是五月初五，也称“端五”“重五”“端阳”，是夏季之中，阳气盛，百虫蠢动，民间把蛇、蝎、蜈蚣、壁虎、蟾蜍这些害虫称为“五毒”。高温的天气滋长了虫害的繁衍，各种毒病易发，端午节最主要的一项活动就是驱邪避瘟、祛毒除疫。艾叶、菖蒲均为野生药材，艾还有祛湿、消毒、驱虫的功效，气味芳香，艾形似虎、蒲形似剑，人们认为它们皆有避瘟除毒的作用。是日，家家户户将艾蒿插在宅院门首以避邪，古俗已有。清代乾隆年间《南商县志》记：“五月五日，书门符，悬艾虎，儿童佩长命缕，以糯米为角黍相馈送。”[120] 道光年间的《神木县志》：“士民角黍相赠，戴艾叶，悬艾虎，门插菖蒲，饮雄黄酒，小儿项臂缠五色线丝以辟邪。”[121] 光绪年间《黔江县志》载：“五月五日，放端阳学，户悬蒲艾，饮雄黄酒，并涂小儿额以辟

图3-16、3-17　江西省赣州市赣县区白鹭村四逸堂大门上的端午节悬挂物，有艾草、菖蒲和用红布包裹着的雄黄，2018。

疫，馈角黍，采百药煎汤浴身入，以雄黄洒墙屋阴湿处辟虫蛇。”[122] 台湾也有此俗，《台湾府志校注》：“五月五日，家折松艾，悬之门首。”[123]

时至今日，端午门悬艾蒲的习俗在全国各地仍然盛行。“晋北民间习惯将艾蒿编成人形，悬于门楣，称为‘艾人’；晋南则将艾蒿编成虎形，悬于门首，谓之‘艾虎’；曲沃等地用纸剪成老虎，粘上艾叶，贴在门上，称为‘贴门虎’；万荣等地采制艾叶挂在门楣。山西境内一些水草丰盛的地方，习惯在门上插草蒲；有的地方在端午节贴钟馗画像驱邪；南部一些地方还要用五色线将家具、门环等物缠绕。”[124] 这些艾蒿、草蒲、五色线据说是能避邪保平安的，将它们置于门上，说明人们认为虫害等灾祸都是由外侵入，而门是一个必经的关口，在门上做好了防护工作，就能阻断毒病的侵入，保护家人免受虫害之毒。（图 3–16、3–17、3–18、3–19）

各地门上挂艾、菖蒲、五毒香包的习俗较为一致，但也会根据地域地产之异代而替之。例如福建的做法是采艾叶、菖蒲，以红纸条卷束，悬于门首或钉于门柱两边，而闽南，除了门挂艾、蒲之外，有的人家还悬插带绿叶的榕枝或桃枝，也有插松、柳、大蒜头者；[125] 海州除了悬艾虎、挂五毒剪纸之外，还有人用黄纸剪成葫芦形，上面写着“散灾大人本姓雷，见了葫芦速转回”[126]，使毒气泄去；河南各家也会贴张天师或钟馗像，剪纸贴于门、窗或炕头上，谓“贴艾虎”，除了采艾叶，人们还会采“车前子、毛毛草、毛耳眼、菊花、地黄等束之于屋檐下或插于门头、窗口，以示祛毒除疫”[127]；冀北“拔艾蒿（并取些夹于两耳上）悬于门框或炕边，还要采桃树条、山枣棵挂在门口、窗框、墙头等处。在门、缸、盆、屋檐及室内等处，贴挂纸葫芦，有取祝丰收之意”[128]。

端午节门悬艾蒲，就是运用对此季害物有压制作用的事物悬于门上，民间百姓朴素的智慧又把悬挂之物的形象与其他对人有利的事物联系起来，使其效力得到强化，并且真实可信。对于悬挂之物的选择一般也与农耕有关，以应季之物为主。除了艾似虎、蒲似剑，人们也把车前子、毛毛草、桃树条、山枣棵……与其他吉祥有利的寓意联系起来，可见那些盛产其他作物的地区也会把这种隐喻方式用在其他事物上，加强门界作用的同时，取材便利也很重要。类似的例子还有很多，三月三日上巳节这天人们是要到水边“祓禳”，或称“祓褉”“修褉”，源于古时的“除恶之

图3-18、3-19 四川省南充市阆中市阆中古城百花庵街民居大门端午节悬挂的艾草、菖蒲及苦蒿，2018。

祭”，意欲洗去凶祸，驱逐不祥，后来逐渐演变为初春郊游、踏青的节日。正逢荠菜花开的季节，人们常在郊外采集，也有“挑荠节”之说。“荠菜”谐音“聚财”，人们便把它看成吉祥除灾的事物，仪征人会在门上悬挂荠菜花[129]，用此压制初春的害虫。门前悬物以厌时气，这也是民俗中经常运用的驱邪手法，而且在压制邪害的同时不忘挖掘表意之物吉祥的意义。

门上的“类巫术”活动还包括人通过门来对人或事进行祝祷，希望通过门获得非凡的力量。有些地方在婴儿出生三天时有给他沐浴洁身的习俗，民间称为“三朝”或“洗三”。此俗也较为久远，相传唐时已有，宋代苏轼诗《借前韵贺子由生第四孙斗老》曰：“今日散幽忧，弹冠及新沐。况闻万里孙，已报三日浴。”清代崇彝在《道咸以来朝野杂记》中也有记载：“三日洗儿，谓之洗三。”在晋南，三朝这天除了给婴儿沐浴外，还有“门楣上瀓草”的习俗，用谷草、筷子、碗、大铲、红旗等制成，各个皆有象征，寓意孩子未来生活富足、前程似锦。[130] 湖南邵阳地区在婴儿三朝这日，给婴儿沐浴后，着新衣，然后抱到大门边，用棒槌边敲门边喊“嘿嗬！嘿嗬！”，如此寄望婴儿胆大有为。[131] 人们一直都对门怀有敬畏之心，认为门有神力，可护佑家宅平安，三朝抱婴敲门大概也是请门神护佑家中新生命的用意，另外就是祝祷新婴长大成人，为家族撑门面。

提到“类巫术”，不得不提到禁忌。在此类求善活动中，禁忌和类巫术体现了相同的思维、行为方式，只是以“不做”某事的方式避免与有灵世界发生关系，避免对现实生活产生不利影响。例如民间在建房时对木材的选择就有普遍的禁忌。淮北“喜用枣树为脊檩，榆树做梁头，杏树做门，俗谓‘枣脊榆梁杏树门，辈辈不受贫’。因以谐音而图吉利……即为‘早积余粮幸福门’之吉兆。俗语还说：‘头不顶桑（丧），脚不踩梓（子）’，忌用桑树做梁檩，用梓木做门槛”[132]。各地均有忌用桑木做门的习俗，苏州喜用楠木、柳木、榆木、椿木做门，同时“忌用铁钉拼板合缝，只能用竹签，再以横木加固，因门上有钉被视为‘关门钉’，会使家中人丁不安”[133]。门的选材也体现了民间对木材使用的一些习惯，一切都以吉祥为主，这些习惯不仅体现在门板上，就连住宅门前的环境也是依循这种选材心理。住宅周围常常会栽树，安徽有忌，“前门不栽桑（丧），后门不插柳（流）”[134]。苏州是“前不栽桑，后不栽槐”，民间普遍迷信桑树与死亡有关联。槐树音同“怀”，人们认为宅后栽槐树对家中孕妇不利；但也有信“前榆后槐，必定发财”的地方，榆树上结的“榆钱”谐音“余钱”，槐树有多子的意思[135]。北京民宅常种海棠、石榴、桃树、枣树，并有民谚，“松柏桑梨槐，不进府院宅”[136]。松树、柏树因被赋予坚贞、肃穆的品格而多种于阴宅，寄托对逝者的怀思；桑树、梨树则是与“丧”“离”谐音，不吉；槐树从字形来看是“木”与“鬼”为邻，也令人们忌讳。这些禁忌多与木材的谐音、品格、字形相关。

各地对宅门的尺寸也有很多禁忌。淮北忌开门多，恐不聚财，门窗忌双数尺寸，俗语有“门留三尺三；进来花轿出去棺”[137]。“门窗的设置必须做到‘眉高眼低’，眉指房门；眼指窗户，就是房门要高于窗户，否则，就是‘不知眉高眼底’了。同时窗户不能大于门，俗称‘眼不能比嘴大’。”[138]“在豫西及南阳一带，院舍的大门要比院内的窑门、房门窄，这样才能‘蓄财’。”[139]有些时候，人们相信门的尺寸稍有不慎就会危及家人的安危，若对工匠照顾不周，这些厄运就会顺着门进入家宅。工匠有一种重要的工具叫“门光尺”，也称“门尺”，文献中也多以“鲁班尺”统称，综合来看，鲁班尺的范围要更广泛。鲁班尺包括了营建测量、丈量吉凶，而门光尺则属于占筮尺一类。也就是说，在对建筑、器物定夺尺寸的时候，法定尺用于精准的测量，而门光尺则是“融合阴阳、五行、九宫、八卦等哲学数理的基础上，结合营造尺之数序尺度而成”[140]，似乎更能丈量出事物与泛灵世界的关系，为人找出合适的数序。

民间开门、开窗时颇有讲究。福州一带旧时要依“门金”开门窗框架和尺寸，门金书于纸上，为“财、义、官、本”和“痛、病、死、绝”8字，好坏各4字，相互配搭组合成一定顺序。财门的宽度、长度为1.8寸的倍数；大门门框尺寸以“义”“官”为好，称为“官门”“义门”。卧室的门框、窗框尺寸以“财”“本”为佳。在永定，人们造房之前必先向工匠问明尺寸，双方商定后才可建造门窗。当地人旧时开房门以1尺8寸为吉，1尺9寸为生门，2尺2寸为孤寡，2尺3寸为小吉，2尺4寸为大吉，2尺1寸为牢狱，2尺5寸为绝门，2尺6寸为平耕田麦熟，2尺7寸为口舌门。旧时如房主对工匠招待不周，工匠会故意使坏，在门、窗的尺寸上嵌入“病、痛、死、绝”的规格，以诅咒暗算房主。此外，闽南人安门窗除择日烧香拜土地公外，还要在门楣两旁各压一块红布条。装好门，要在大门槛前摆一些“果合”，并烧香。[141]

巫术体现出人类基本的思维方式，它根植于“万物有灵”及超时空“交感”的观念。也即是说，即使是两个并无直接联系的事物，人们仍然相信可以通过巫术的

图 3-20　陕西省渭南市韩城市西庄镇党家村光裕第的貔貅门墩，2019。貔貅，因为只有嘴，只能进不能出，民间多用其寄望招财进宝。

方式使二者超越时空产生直接作用：通过对 A 事物施加巫术，达到对 B 事物产生作用的效果。隐喻和象征的方式，正在于为 A 与 B 之间建立起某种神秘的联系。将门俗活动中的此类活动称为“类巫术”，正在于它们在某个历史阶段就起源于巫术，如今仍然与后者具备着类似的观念。只是它们已经更多地内化为一种求“善”的心理意向，而弱化了巫术中明确的行为规范，放宽了对于结果的时间容忍度。（图 3-20）

三、仪式与情感“重音”

围绕“门”出现的各种观念，它们可能以潜移默化的方式呈现出来，也可能以各种仪式集中呈现出来。各种各样的仪式，或是庄严化的，或是戏谑性的，或是欢快化的，或是恐怖性的……但它们无疑都是“反常化”的，无疑都与日常生活产生差别；它们都需要通过一些固定化的、规范化的程序来实施。它类似于人们在阅读时于纸面上留下的“重点”符，最终会强化其表意效果，加强人们对它的重视程度。

在这些仪式中，人们不仅需要在认知层面以严格的程序来强化其“重点”角色，同时需要调动各种身体感官，以直观的方式渲染其感知效果。从上文阐述的例子看，人们通过约定俗成的方式，通过能指系统的建立，表达较为稳定的文化意向。但是，表意的成功不仅与文化场域中的“能指—所指”系统有关，同样也与身体场域中的仪式化有关。人们除了依靠知识习得的方式来进行意义表达与意义接受之外，也通过人的身体去感知、会通，通过全面的知觉对外在信息进行接收，在完整的身体场域中通达表意意向并信服其终会成功。在此，“身体”一词具有明确的现象学视角。它与胡塞尔、海德格尔、梅洛·庞蒂所坚持的发生现象学有关。尤其是到了梅洛·庞蒂那里，任何意义都只能被还原到身体那里，而不能被还原到一个假设的、抽象的先验主体。他强调意识与身体是统一的，意识从来没有独立于身体来发挥作用，它只能存在于身体的场域之中。有关的意识—身体二元论，在他看来都是西方传统哲学的残余物，是需要被悬搁的。需要强调的是，“身体”与“肉体”不同，它兼有灵与肉，介于心理层面的意识和物理层面的肉体之间，它是两者的统一。

与门相关的习俗中，仪式与身体之间的关系可从以下几个角度理解：

第一，仪式主要依靠情感来打动受众，以此建构其对大门“易变”的认同感及共同体的团结性。例如，在大年初一这个最重要的、最喜庆的节日，人们在祭门活动中呈现出来的“身体性”非常丰富，不仅有文化场域中约定俗成的表意活动，也以复杂的肢体动作、语音等方式来表达意愿。在安徽，家家争先早起，并于家中摆香案，上盛三牲果品，点烛焚香，然后由家长主持开门启封仪式。家里的男人们须洗漱更衣后侍立于香案旁，在家长的带领下站在门内向天地鞠躬作揖，口中念类似“开门大吉，万事如意”的话；拜祭过天地后一家人要向左右门神行礼，拜完门神人们走出门，向东、西、南、北四方各行一拜，意为使四方之神护佑，保家人出门四方皆吉顺，于是口念“东成、西就、南通、北达”；接着，回过头进门叩拜大门，大家先将准备好的灯笼悬挂于大门两侧，然后跟着家长按辈分依次向大门叩首、烧香击磬；拜完大门则摘下灯笼，全家人进屋并关上大门，接着叩拜祖先与灶神。[142] 在此，人们按照平日的出入习惯展开仪式，在门内对着大门作揖意求开门大吉，出门向四方行礼祈祷四方吉顺，又在门外向门内叩拜，祈求大门护佑家宅。从祭门礼仪之前一丝不苟的准备工作，到每一次行礼、叩拜，以及一家人统一有序的集体行进，这一系列动作使每个人都笼罩在严肃而神圣的气氛中。每个人通过肢体的运动，以及在空间变幻中引起的各种感官刺激，都在提醒个体正在进行什么样的仪式，每个动作有着何种意义，以及自己在这个仪式中的位置。在家长带领下的祭拜仪式，后辈要学着长辈的动作行礼，模仿行礼的过程正是自我塑造的过程。

第二，仪式需要以不断重复的方式加深它对受众的感染力。在行为、声音等不断重复的过程中，一方面强化了人们的记忆，另一方面，仪式的“重点”作用进一步被明确，“易变”的信服感、共同体的认同感进一步被加强。

虽然年年岁岁门俗大致不变，但每当节日到来，门上的那些礼数总要认认真真地走一遍。年复一年的意义在于人能从这种丰富的身体场域中得到慰藉，并真正信服这些行为的作用与意义。在此，不断重复的语音似乎加强了仪式的效力，唇、舌、声带的言语运动也是门礼的重要组成部分。“开门大吉，万事如意”“东成、西就、南通、北达”这样的吉语，使人在开口发声之时就有了明确的暗示，自己的语音发声往往会起到坚定信念的作用。当这些吉语弥散在空间中，又会加强身体的知觉。

民俗活动中经常伴随着吉语、喜话，这些语言活动类似于加了重点符的“重音”，成了仪式的有机组成部分。兰州农村修建新宅院时，四面围墙筑好后，在最后合口时要选良辰吉日，并有“合龙口，开新门”之俗，意在合龙口时，也要开新门，以免把煞气圈住。这一天，贴喜联、披红挂彩、放鞭炮，土工师傅要说开门喜话：

金门开，银门开，四面八方都进财，斗大的元宝滚进来；
启吉门，启祥门，吉祥如意四季春，丁财两旺世世兴；
踩福门，踩禄门，福如东海长流水，禄比南山不老松；
青龙开，朱雀开，五福门内滚进来；
白虎开，玄武开，赵公元帅送宝来。[143]

从开门喜话中可以看到，人们希望这新宅之门可以迎来财宝、吉祥、福气、厚禄、长寿，以及四季和顺、人丁兴旺、四方畅通，包含了我们对人生的所有祈望。在人们的观念中，福运如果光顾家宅，那必是从门而入，这是我们接触所有事物的必经之地、变通之界。人们在知觉的刺激之下，相信这些充满暗示性的行为与语音可以感知于门的“超越”力量，使主体的意向与这力量相通，门可深谙人意，就能如人所愿。所以，仪式化是表意的深化，也是表意有效性的强调。

第三，仪式需要借助象征与隐喻这样直观、生动的方式来进行，以此表征那些抽象的观念及文化共同体。这里，社会学家大卫·科泽代表作《仪式、政治与权力》的核心观点中也有体现。本书上一部分已经阐述了“类巫术”活动中采用的象征、隐喻形式。在此，两种方式同样支撑着仪式行为得以成立。此处不再赘述。

门借助于“内—外”“上—下”结构表征着与泛灵世界相关的文化功能。传统的民间社会往往借助各种方式来认识泛灵世界，借助各种手段来与其进行交流。对于复杂的大千世界而言，是否存在无数未知的生命、灵魂，恐怕是一个永恒的话题，没有人可以给出肯定的回答。宗教强调信仰（启示），科学强调观察（实证），它们都是人们认识世界的重要方式。尽管世界永远不可能向我们完全“敞开”，却无法阻挡人们认识世界的“企图”。在此我想表达的是，从逻辑层面而言，“科学”仍然是人们迄今为止认识世界最为有效的、最为精确的方式（尽管按照托马斯·库恩的理解而言，今天的科学范式极有可能在未来被新的科学范式所替代）。它以逻辑推论和精确观察为基础，对于无法观察到的世界持“怀疑”或“悬隔”态度。民间文化作为研究对象，其意义并不在于鼓动更多的人对其进行“信仰”，而是尽量“中性”地将其纳入当代人文学科对于“人”的研究体系之中。

---

1 湖南省地方志编纂委员会编：《湖南省志·民俗志》，五洲传播出版社 2005 年版，第 380—381 页。

2 参见四川省地方志编纂委员会编《四川省志·民俗志》，四川人民出版社 2000 年版，第 206 页。

3 参见江苏省地方志编纂委员会编《江苏省志·民俗志》，江苏人民出版社 2002 年版，第 193 页。

4 河南省地方史志办公室编：《河南省志·民俗志》，河南人民出版社 1995 年版，第 299 页。河北也有进门燎轿子、跨马鞍的习俗，“在曲周、肥乡，新娘下轿前，男家要拿犁镜绕轿，新娘怀抱铜镜和织布机上的桎子下轿，被人用椅子抬着跨过马鞍进门，称骑鞍过桎”。参见河北省地方志编纂委员会编《河北省志·民俗志》，河北人民出版社 2013 年版，第

250 页。

5 江苏省地方志编纂委员会编：《江苏省志·民俗志》，江苏人民出版社 2002 年版，第 264 页。

6 “新娘头盖蒙头红子，由两个有夫的女人搀着，怀里抱着瓶、花等，有的左右有两人打着火把，前面有一人挑火盆，来到大门口。门口放着一块捶布石，石上放一马鞍，鞍上放一串制钱，新娘从上面迈过去，谓之‘前进平安’。二门口放一火盆，新娘迈过去，象征以后的生活红火、旺盛。”参见山东省地方史志编纂委员会编《山东省志·民俗志》，山东人民出版社 1996 年版，第 306—307 页。

7 福建省地方志编纂委员会编：《福建省志·民俗志》，方志出版社 1997 年版，第 167 页。

8 江苏省地方志编纂委员会编：《江苏省志·民俗志》，江苏人民出版社 2002 年版，第 326 页。

9 参见福建省地方志编纂委员会编《福建省志·民俗志》，方志出版社 1997 年版，第 247 页。

10 参见山西省史志研究院编《山西通志·民俗方言志》，中华书局 1997 年版，第 188 页。

11 河北省地方志编纂委员会编：《河北省志·民俗志》，河北人民出版社 2013 年版，第 341 页。

12 （清）谢长青：《延川县志》卷三《风俗·岁时》，清道光刻本。

13 河南省地方史志办公室编：《河南省志·民俗志》，河南人民出版社 1995 年版，第 389 页。芮城旧俗贴金牛亦书“新春正月二十三，太上老君去炼丹，家家门上贴金牛，一年四季保平定”。参见山西省史志研究院编《山西通志·民俗方言志》，中华书局 1997 年版，第 194 页。

14 参见山西省史志研究院编《山西通志·民俗方言志》，中华书局 1997 年版，第 194 页。

15 山西省史志研究院编：《山西通志·民俗方言志》，中华书局 1997 年版，第 194 页。

16 江苏省地方志编纂委员会编：《江苏省志·民俗志》，江苏人民出版社 2002 年版，第 335 页。

17 参见山东省地方史志编纂委员会编《山东省志·民俗志》，山东人民出版社 1996 年版，第 373 页。

18 陕西省地方志编纂委员会编：《陕西省志·民俗志》，三秦出版社 1999 年版，第 262 页。

19 参见陕西省地方志编纂委员会编《陕西省志・民俗志》，三秦出版社 1999 年版，第 262 页。

20 福建省地方志编纂委员会编：《福建省志・民俗志》，方志出版社 1997 年版，第 93 页。

21 江苏省地方志编纂委员会编：《江苏省志・民俗志》，江苏人民出版社 2002 年版，第 192 页。

22 参见四川省地方志编纂委员会编《四川省志・民俗志》，四川人民出版社 2000 年版，第 212 页。

23 参见湖南省地方志编纂委员会编《湖南省志・民俗志》，五洲传播出版社 2005 年版，第 755 页。

24 （清）裴显忠修，刘硕辅纂：《乐至县志》卷三《风俗》，清道光刻本。

25 参见福建省地方志编纂委员会编《福建省志・民俗志》，方志出版社 1997 年版，第 167 页。

26 参见湖南省地方志编纂委员会编《湖南省志・民俗志》，五洲传播出版社 2005 年版，第 422 页。

27 陕西省地方志编纂委员会编：《陕西省志・民俗志》，三秦出版社 1999 年版，第 207 页。

28 安徽省地方志编纂委员会编：《安徽省志・民俗志》，方志出版社 1998 年版，第 76 页。

29 陕西省地方志编纂委员会编：《陕西省志・民俗志》，三秦出版社 1999 年版，第 209 页。

30 安徽省地方志编纂委员会编：《安徽省志・民俗志》，方志出版社 1998 年版，第 79 页。

31 山西省史志研究院编：《山西通志・民俗方言志》，中华书局 1997 年版，第 188—189 页。

32 参见陕西省地方志编纂委员会编《陕西省志・民俗志》，三秦出版社 1999 年版，第 260 页。

33 （清）王致云修，（清）朱埙纂，（清）张琛补编：《神木县志》卷二《岁时》，清道光刻本。

34 江苏省地方志编纂委员会编：《江苏省志・民俗志》，江苏人民出版社 2002 年版，第 367 页。

35 江苏省地方志编纂委员会编：《江苏省志・民俗志》，江苏人民出版社 2002 年版，第 367 页。

36 山西省史志研究院编：《山西通志・民俗方言志》，中华书局 1997 年版，第 195 页。

37 （清）顾德昌、张粹德：《新繁县志》卷十八《风俗志》，清嘉庆刻本。

38 参见江苏省地方志编纂委员会编《江苏省志·民俗志》，江苏人民出版社 2002 年版，第 338 页。

39 参见陕西省地方志编纂委员会编《陕西省志·民俗志》，三秦出版社 1999 年版，第 264—265 页。

40 参见河北省地方志编纂委员会编《河北省志·民俗志》，河北人民出版社 2013 年版，第 371 页；福建省地方志编纂委员会编《福建省志·民俗志》，方志出版社 1997 年版，第 254—255 页。

41 陕西省地方志编纂委员会编：《陕西省志·民俗志》，三秦出版社 1999 年版，第 274—275 页。

42 河南省地方史志办公室编：《河南省志·民俗志》，河南人民出版社 1995 年版，第 413 页。

43 山东省地方史志编纂委员会编：《山东省志·民俗志》，山东人民出版社 1996 年版，第 410 页。

44 河北省地方志编纂委员会编：《河北省志·民俗志》，河北人民出版社 2013 年版。第 338 页。

45 参见江苏省地方志编纂委员会编《江苏省志·民俗志》，江苏人民出版社 2002 年版，第 368 页。

46 （清）裘显忠修，刘硕辅纂：《乐至县志》卷三《风俗》，清道光刻本。

47 参见王其亨《风水理论研究》，天津大学出版社 2015 年版，第 95—100 页。

48 河北省地方志编纂委员会编：《河北省志·民俗志》，河北人民出版社 2013 年版，第 187 页。

49 河南省地方史志办公室编：《河南省志·民俗志》，河南人民出版社 1995 年版，第 26 页。

50 安徽省地方志编纂委员会编：《安徽省志·民俗志》，方志出版社 1998 年版，第 42 页。

51 湖南省地方志编纂委员会编：《湖南省志·民俗志》，五洲传播出版社 2005 年版，第 373 页。

52 安徽省地方志编纂委员会编：《安徽省志·民俗志》，方志出版社 1998 年版，第 42 页。

53 安徽省地方志编纂委员会编：《安徽省志·民俗志》，方志出版社 1998 年版，第 44 页。

54 山东省地方史志编纂委员会编：《山东省志·民俗志》，山东人民出版社 1996 年版，第 227、243 页。

55 参见广西壮族自治区地方志编纂委员会编《广西通志·民俗志》，广西人民出版社 1992 年版，第 73 页。

56 古代文献中的“五祀”说法不一。《国语·鲁语上》“五祀”指禘、郊、宗、祖、报五种祭礼；《周礼·春官·大宗伯》及《左传·昭公二十九年》中的“五祀”指五行之神，即春神句芒、夏神祝融、中央后土、秋神蓐收、冬神玄冥；《太平御览》卷 529 引《汉书议》：“五祀”谓五行金木水火土；《礼记·月令》郑玄注，“五祀”为户、灶、中溜、门、行；《礼记·王制》“大夫祭五祀”，“五祀”为司命、中溜、门、行、厉；班固《白虎通》卷二“五祀”包括“门、户、井、灶、中溜”。本书讲的“五祀”均指与居住相关的五种神祇。

57 黄晖：《论衡校释·卷二十五·祭意篇》，中华书局 1990 年版，第 1059 页。

58 （清）陈立撰，吴则虞点校：《白虎通疏证》，中华书局 1994 年版，第 77 页。

59 黄晖：《论衡校释·卷二十五·祭意篇》，中华书局 1990 年版，第 1056 页。

60 参见杨华《“五祀”祭祷与楚汉文化的继承》，《江汉论坛》2004 年第 9 期。

61 黄晖：《论衡校释·卷二十五·祭意篇》，中华书局 1990 年版，第 1059 页。

62 黄晖：《论衡校释·卷二十五·祭意篇》，中华书局 1990 年版，第 1060 页。

63 黄晖：《论衡校释·卷二十五·祭意篇》，中华书局 1990 年版，第 1062—1063 页。

64 黄晖：《论衡校释·卷二十五·祭意篇》，中华书局 1990 年版，第 1062 页。

65 （清）陈立撰，吴则虞点校：《白虎通疏证》，中华书局 1994 年版，第 79—80 页。

66 （清）郭世棻修，（清）文笔超等纂：《青神县志》卷十八《风俗志·农事》，清光绪刻本。

67 参见《中国风俗辞典》，上海辞书出版社 1990 年版，第 812 页。

68 （清）谢长青：《延川县志》卷三《风俗·岁时》，清道光刻本。

69 江苏省地方志编纂委员会编：《江苏省志·民俗志》，江苏人民出版社 2002 年版，第 328 页。

70 广西壮族自治区地方志编纂委员会编：《广西通志·民俗志》，广西人民出版社 1992 年版，第 310 页。

71 参见陕西省地方志编纂委员会编《陕西省志·民俗志》，三秦出版社 1999 年版，第 244 页。

72 安徽省地方志编纂委员会编：《安徽省志·民俗志》，方志出版社 1998 年版，第 100 页。

73 （清）顾德昌、张粹德：《新繁县志》卷十八《风俗志》，清嘉庆刻本。

74 （梁）宗懔：《荆楚岁时记》，钦定四库全书本。

75 广西壮族自治区地方志编纂委员会编：《广西通志·民俗志》，广西人民出版社 1992 年版，第 326 页。

76 河南省地方史志办公室编：《河南省志·民俗志》，河南人民出版社 1995 年版，第 395 页。

77 福建省地方志编纂委员会编：《福建省志·民俗志》，方志出版社 1997 年版，第 284 页。

78 福建省地方志编纂委员会编：《福建省志·民俗志》，方志出版社 1997 年版，第 286 页。

79 福建省地方志编纂委员会编：《福建省志·民俗志》，方志出版社 1997 年版，第 286—287 页。

80 参见安徽省地方志编纂委员会编《安徽省志·民俗志》，方志出版社 1998 年版，第 101 页。

81 （清）顾德昌、张粹德：《新繁县志》卷十八《风俗志》，清嘉庆刻本。

82 江苏省地方志编纂委员会编：《江苏省志·民俗志》，江苏人民出版社 2002 年版，第 364 页。

83 山东省地方史志编纂委员会编：《山东省志·民俗志》，山东人民出版社 1996 年版，第 410 页。

84 安徽省地方志编纂委员会编：《安徽省志·民俗志》，方志出版社 1998 年版，第 104 页。

85 江苏省地方志编纂委员会编：《江苏省志·民俗志》，江苏人民出版社 2002 年版，第 367 页。

86 江苏省地方志编纂委员会编：《江苏省志·民俗志》，江苏人民出版社 2002 年版，第 367 页。

87 湖南省地方志编纂委员会编：《湖南省志·民俗志》，五洲传播出版社 2005 年版，第 477 页。

88 李泽厚：《美学三书》，安徽文艺出版社 1999 年版，第 56—57 页。

89 福建省地方志编纂委员会编：《福建省志・民俗志》，方志出版社 1997 年版，第 94 页。

90 广西壮族自治区地方志编纂委员会编：《广西通志・民俗志》，广西人民出版社 1992 年版，第 318 页。

91 参见山东省地方史志编纂委员会编《山东省志・民俗志》，山东人民出版社 1996 年版，第 393 页。

92 广西壮族自治区地方志编纂委员会编：《广西通志・民俗志》，广西人民出版社 1992 年版，第 319 页。

93 （清）王致云修，（清）朱埙纂，（清）张琛补编：《神木县志》卷二《岁时》，清道光刻本。

94 （清）张九章修，陈藩垣、陶祖谦等纂：《黔江县志》卷五《风俗志・月令》，清道光刻本。

95 参见山东省地方史志编纂委员会编《山东省志・民俗志》，山东人民出版社 1996 年版，第 409 页。

96 参见湖南省地方志编纂委员会编《湖南省志・民俗志》，五洲传播出版社 2005 年版，第 449 页。

97 参见河南省地方史志办公室编《河南省志・民俗志》，河南人民出版社 1995 年版，第 321—322 页。

98 河南省地方史志办公室编：《河南省志・民俗志》，河南人民出版社 1995 年版，第 324 页。

99 陕西省地方志编纂委员会编：《陕西省志・民俗志》，三秦出版社 1999 年版，第 232 页。

100 河北省地方志编纂委员会编：《河北省志・民俗志》，河北人民出版社 2013 年版，第 281—282 页。

101 安徽省地方志编纂委员会编：《安徽省志・民俗志》，方志出版社 1998 年版，第 89 页。

102 河北省地方志编纂委员会编：《河北省志・民俗志》，河北人民出版社 2013 年版，第 282 页。

103 “吴江称此风俗为‘掼灰盆’，可以掼掉晦气逢凶化吉。苏州等地在棺材出门时，需将一只碗或钵头摔碎，其意亦在将家中的晦气摔掉。”引自江苏省地方志编纂委员会编《江苏省志・民俗志》，江苏人民出版社 2002 年版，第 291 页。

104 广西壮族自治区地方志编纂委员会编：《广西通志・民俗志》，

广西人民出版社 1992 年版，第 297 页。

105 河北省地方志编纂委员会编：《河北省志·民俗志》，河北人民出版社 2013 年版，第 285 页。

106 福建省地方志编纂委员会编：《福建省志·民俗志》，方志出版社 1997 年版，第 230 页。

107 陕西省地方志编纂委员会编：《陕西省志·民俗志》，三秦出版社 1999 年版，第 233 页。

108 河南省地方史志办公室编：《河南省志·民俗志》，河南人民出版社 1995 年版，第 333 页。

109 这花絮纸于每晚家人烧纸哭献时要撕一些烧掉，直至入葬时烧完。参见山西省史志研究院编《山西通志·民俗方言志》，中华书局 1997 年版，第 174 页。

110 山西省史志研究院编：《山西通志·民俗方言志》，中华书局 1997 年版，第 178 页。

111 陕西省地方志编纂委员会编：《陕西省志·民俗志》，三秦出版社 1999 年版，第 208 页。

112 参见广西壮族自治区地方志编纂委员会编《广西通志·民俗志》，广西人民出版社 1992 年版，第 267—269 页。

113 参见山西省史志研究院编《山西通志·民俗方言志》，中华书局 1997 年版，第 174 页。

114 陕西省地方志编纂委员会编：《陕西省志·民俗志》，三秦出版社 1999 年版，第 224 页。

115 河南省地方史志办公室编：《河南省志·民俗志》，河南人民出版社 1995 年版，第 30 页。

116 江苏省地方志编纂委员会编：《江苏省志·民俗志》，江苏人民出版社 2002 年版，第 186 页。

117 参见王建华《山西古建筑吉祥装饰寓意》，山西人民出版社 2014 年版，第 120 页。

118 参见王建华《山西古建筑吉祥装饰寓意》，山西人民出版社 2014 年版，第 126 页。

119 福建省地方志编纂委员会编：《福建省志·民俗志》，方志出版社 1997 年版，第 99 页。

120 （清）罗文思：《商南县志》卷四《风俗》，清乾隆刻本。

121 （清）王致云修，（清）朱埙纂，（清）张琛补编：《神木县志》卷二《岁时》，清道光刻本。

122 （清）张九章修，陈藩垣、陶祖谦等纂：《黔江县志》卷五

《风俗志·月令》，清光绪刻本。

123 （清）蒋毓英撰，陈碧笙校注：《台湾府志校注》，厦门大学出版社 1985 年版，第 60 页。

124 山西省史志研究院编：《山西通志·民俗方言志》，中华书局 1997 年版，第 197 页。

125 参见福建省地方志编纂委员会编《福建省志·民俗志》，方志出版社 1997 年版，第 260 页。

126 参见江苏省地方志编纂委员会编《江苏省志·民俗志》，江苏人民出版社 2002 年版，第 343 页。

127 河南省地方史志办公室编：《河南省志·民俗志》，河南人民出版社 1995 年版，第 397 页。

128 河北省地方志编纂委员会编：《河北省志·民俗志》，河北人民出版社 2013 年版，第 373 页。

129 参见江苏省地方志编纂委员会编《江苏省志·民俗志》，江苏人民出版社 2002 年版，第 337 页。

130 晋南门楣上潵草应该是“插谷草”之俗的遗风，人们用大红绸布条把 10 把干谷草扎 16 个菱形块（常常是窗户形状），并用麦草稀泥把每把谷草的根部粘住，然后在谷草网的中央插上一双筷子、一个大铲和两面小红旗，再钉上一只碗。谷草扎成的网格有十年寒窗之意，碗、筷、铲象征丰收财旺，旗上写“麒麟送子”“弄璋之喜”“长命富贵”“国家栋梁”等吉语，挂在大门上中间，街门里照壁上也扎一把，然后放炮、焚香，邻里们来向主人贺喜，主人请吃喜面，有长寿之意。参见山西省史志研究院编《山西通志·民俗方言志》，中华书局 1997 年版，第 158 页。

131 湖南省地方志编纂委员会编：《湖南省志·民俗志》，五洲传播出版社 2005 年版，第 400 页。

132 安徽省地方志编纂委员会编：《安徽省志·民俗志》，方志出版社 1998 年版，第 42 页。河南也有“枣脊榆梁构过”的建房习俗，取意“早积德多余粮够过日子”，二者意义接近。参见河南省地方史志办公室编《河南省志·民俗志》，河南人民出版社 1995 年版，第 27 页。

133 江苏省地方志编纂委员会编：《江苏省志·民俗志》，江苏人民出版社 2002 年版，第 186 页。

134 安徽省地方志编纂委员会编：《安徽省志·民俗志》，方志出版社 1998 年版，第 45 页。河南也有“前不栽桑，后不栽柳，当院不栽鬼拍手（杨树）”的习俗。参见河南省地方史志办公室编《河南省志·民俗志》，河南人民出版社 1995 年版，第 30 页。

135 江苏省地方志编纂委员会编：《江苏省志・民俗志》，江苏人民出版社 2002 年版，第 191 页。

136 北京市地方志编纂委员会编：《北京志・民俗志》，北京出版社 2012 年版，第 72 页。

137 安徽省地方志编纂委员会编：《安徽省志・民俗志》，方志出版社 1998 年版，第 44 页。

138 河南省地方史志办公室编：《河南省志・民俗志》，河南人民出版社 1995 年版，第 29 页。

139 河南省地方史志办公室编：《河南省志・民俗志》，河南人民出版社 1995 年版，第 29 页。

140 牛晓霆：《门光尺研究》，硕士学位论文，东北林业大学，2008 年，第 19 页。

141 福建省地方志编纂委员会编：《福建省志・民俗志》，方志出版社 1997 年版，第 100 页。

142 参见安徽省地方志编纂委员会编《安徽省志・民俗志》，方志出版社 1998 年版，第 104 页。

143 兰州市地方志编纂委员会编：《兰州市志・民俗卷》，兰州大学出版社 2014 年版，第 126 页。

第四章

门的文化功能：世俗之域

山西省晋城市沁水县土沃乡西文兴村司马弟大门斗拱，2019。

从前面的论述来看，事物的意义是不断生产的。就像门，它的意义没有停留在人创造它时那个原初的、物质的层面上，而是随着时间的推移、文化的浸染逐渐丰富成为一个文化表意系统。从上一章我们看到，开阖之门已经在“内—外”“上—下”的空间结构中衍生出了许多文化功能。除了安全及遮风挡雨的需要，人们以围合的方式将日常生活空间与苍穹、大地区分开来。门作为两者之间的空间枢纽，具有分隔空间的功能，它在现实生活中同样有着建立“差异”的意指功能，往往被当作区隔之物。差异是如此重要，没有差异，意义就难以成立，事物就无法拥有明确的属性。

在建立差异性的表征实践中，人们常常从“我”的立场出发来表达自己与外部社会的关系。门对于“我”而言是重要的表征物，以此表达公私、尊卑、贫富、文野等意义差异。在上述二元关系中，人们又往往通过强调其中的一元来强化对立并形成身份区隔：在公私中强调的是私，在尊卑中强调的是尊，在贫富中强调的是富，在文野中强调的是文。其中“私”表征着家、族身份，尊、富、文表征着阶层身份。对于家、族身份的表征，人们易于理解，毕竟以门为开口的整个围墙都是家、族与外部社会的分隔物。而门所表征的阶层身份，则往往容易被忽视，因为宅之主人常常通过一种“含蓄意指”的方式隐晦地进行表达。法国思想家布尔迪厄认为资本有三种主要类型：社会资本、经济资本和文化资本。社会资本与个体所在社会网络的规模大小及资源多少相关，在传统社会中往往由个体的社会等级高低（如爵位、官品、行会职位等）及公认的社会威望（如乡村的乡绅、长老）决定；经济资本即人们对生产资料、财富的拥有，传统社会中除了官僚阶层外，表面上社会地位不高的商人也往往拥有较高的经济资本；文化资本泛指和文化相关的知识、活动，强调了主体对文化的获得所产生的社会效力，由于科举制的兴起，读书取仕成为传统社会非常受人尊敬的社会行为。这三种资本在中国传统社会中可以对应为尊、富、文，人们常常通过门来对其进行显示，它们不仅有利于宅主人进行身份炫耀，同时也有利于实现资本间的转化。

但是，中国传统文化中的变通性又无时无刻不在消解着这样的差异关系，以此形成我中有他、小中有大、阶层流动的平和状态。例如，对于阶层间的区隔来说，隋唐以来，当士族门阀制度被逐渐打破之后，社会阶层越来越强调其变通性，鼓励个体通过努力获得更高的社会地位，使阶层之间虽有区隔，但可流动。下面就从“区隔与变通”的视角来谈门在“私与公”“尊与卑”“富与贫”“文与野”四个层面的社会文化功能。

第一节
私与公

门因其闭合的空间属性，成为“我”与“他”的分界。在此，“我”除了个体之外，也代表着家庭、家族甚至宗族。传统社会中，家宅大门包被的最小群体是家庭，即由父母及其抚育的孩子构成。家庭作为传统社会最微观的小群体，在所谓的“差序格局”中，它是与个体最近的一个“同心圆”。由此，门界往往以最明确、最直接的方式体现着对“家”的强调与确认。但是在中国乡土社会中，家庭这个群体关系是暂时的，因为夫妻一旦把孩子抚育成人，他们又会组成自己新的家庭，那么这种以亲子关系所构成的家庭概念就改变了，而进入父系原则下的单系亲属结构，即家族。所以从社群的结构特征来说，家族或许比家庭更能代表我们传统社会的血亲聚居现实。正如费孝通先生所说：“为了要经营这许多事业，家的结构不能限于亲子的小组合，必须加以扩大。而且凡是政治、经济、宗教等事物都需要长期绵续性的，这个基本社群绝不能像西洋的家庭一般是临时的。家必须是绵续的，不因个人的长成而分裂，不因个人的死亡而结束，于是家的性质变成了族。”[1] 所以，“族”的重要性在中国社会中更为明显，它与血脉绵续相关，成为集结血脉和社会事业的强大内核。我们如今可以看到的很多宅院，都是家族聚居的建筑遗存，家族成为门内私域的基本组织单位。

如果说家门之内的“我”包含了个体、家庭、家族，那么家门之外的“他”则主要包括“我”之外的街坊或同村人。在和平年代，大门的防卫倾向还比较温和，一方面强调的是对隐私的保护，另一方面就是防止偷盗。如大门处的影壁，从视觉上来看就是一种较为含蓄的自我保护措施。清中后期战事频繁，很多地区都会在家族或宗族的聚居区共同建立堡院，大门的防卫倾向则非常明显，其主要防卫对象是街坊及同村人之外的流寇、贼匪、乱兵等陌生人群，这是特殊时期的特点。

在对门的空间属性和文化功能的分析中，已经总结出门的开阖决定着它的实际功能。门阖有了闭合与分隔，其功能便是隐私保护和安全防卫；门开便可连通内外，实际上也是私人领域与公共领域的沟通。“私”与“公”体现的是传统社会中典型的主体与他者的社会关系。当门关闭的时候，它体现了私人领域的不可侵犯性，发挥的是门对内部空间的防卫功能。这是人的一种自然的、合理的需求和权利。但对外部的社会而言，门对内部空间的保护也是维护公共秩序的有效方式。“阖”对外界意味着“止”与“禁”，这是一种明确的警示方式，可以对门外的人做出直观的提示。从某种程度上来说，它体现的是主体与他者的交往规范和行为秩序，当人想要走进一扇紧闭的门户，或是由于不得不“止”而采用社交礼仪申请进入，或是因为“禁”的提示而调转脚步。那么，“阖”对“私”与“公”而言，都是一种保护方式，是一种共通的社会表意语汇，帮助人维护私人领域基本权利的同时使内外双方都处于明晰而有序的位置。如此，门既保护了内部空间的权利，也对社会稳定有序发挥了积极作用。

本节尤其需要阐明的是，大门的这种既强调“私”，又彰显“公”的社会功能，有其深远的思想渊源。例如，“私”与“公”在深受儒家思想浸润的中国民间社会，处于一种既“异”又“和”的弹性关系中。儒家的爱有亲疏之分，人和人之间的关系如以己为中心、投在水面上那层层减淡的波纹，与中心之己离得越近，那么关系就越近，这就是爱的等级，等级呈现为差序。所谓“老吾老，以及人之老；幼吾幼，以及人之幼”，体现了情感的“亲疏之别”，但也正是从最切身的“爱”出发，对他人的爱才具有可知可感的推衍基础。在此，通过“推己及人”，对个体（家）的爱被推衍到对群体的爱。所以儒家历来就有为人称道的“民本”思想，无论是《礼记》中的“大道之行也，天下为公”，孟子的“民为贵，君为轻，社稷次之”还是范仲淹的“先天下之忧而忧，后天下之乐而乐”都能体现这样的立场。近年来学界开始更为广泛地讨论中国民间（尤其是下层）儒墨互补的问题，相对于儒家，墨家站在小生产者的立场，明确地反对儒家的等级、尊卑观念，更明确地提出“兼爱”“非攻”“爱人若己”。由于儒家自西汉以来长期占据着国家支配性意识形态的角色，使得人们很容易忽略墨家思想在中国民间潜移默化的影响力。但思想的影响力不一定完全通过“文字”“宣教”等易见的方式传播，它同样会通过“故事”“传说”“社会组织方式”等不易见到的方式被一代代地传承下去。所谓“墨流为侠”，民居中大量存在的侠义图像，推崇兼爱、仗义，或多或少地继承了墨家的立场。正由于这样的思想渊源，“我”虽以“私”为基础，却并不完全将其与“公”对立起来。门虽然体现着“私”，表征着家族身份，也往往不拘泥于一己之私，而是以道德为中介对“公”进行标榜。

如上所言，儒家强调爱有等级，人各亲其亲，长其长，形成差序格局。最明显的表现就是，民间百姓对大门的寄望就是驱害纳吉，为家宅迎来福运与吉祥。与之同时，大门也是对家族进行标识的重要场所。对外，可区分“私域”与“公域”；对内，则有利于加强家族凝聚力。例如，客家人祠堂大门、家宅大门上就体现着比较明显的家族意识，从他们的堂号、堂联上就能知道他们的姓氏源流甚至家族迁徙路线，精练而蕴含典故的文字，就像微型家谱、族谱一般呈现在大门上。门楣处的堂号一般以家族祖先发祥地或祖先兴旺发达之地的地名为号，显示出家族源流的起点，有明显的寻根意识，如“太原堂”“颍川堂”“陇西堂”“江夏堂”“南阳堂”“庐江堂”，等等。堂号也有取意先祖重要历史事迹、典故的例子。如果谁家门楣上题的是“四知堂”，就可知这家人姓“杨”，其典故来自东汉为官清廉的杨震。杨震厉色拒绝了刻意晚上送来重金酬谢推举之恩的县令王密，说道，“天知、地知、你知、我知”，驳回了王密认为晚上送礼无人知晓的侥幸心理。杨震与他的“四知”也因此扬名天下，杨姓后人就以“四知”为堂号，不仅显示出家族姓氏，又可借祖先清廉高尚的品格警示族人、彰显家风。堂联一般与堂号呼应，起到阐发堂号的作用，同样包含着家族源流与祖宗功绩等内容。例如钟姓颍川堂，颍川是秦始皇时期所封的一个郡名，在今天河南省禹州市，堂联“颍川世德，大傅家声”，意为家族发源于颍川，颍川世世代代的功德，有着官至大傅的家世声望。姓氏源流与家族功绩都涵盖在了堂联之中，这是客家人堂联的常见格式。

事实上，“私”代表的小群体与“公”所代表的大共同体在价值追求上常常体现为共利。所以在这些堂号、堂联上，我们可以看到客家人浓厚的家族意识，但一个家族得以流芳百世的荣耀却往往与那些为国家建功立业的祖先连在一起。在这里，敬祖寻根与为国效力表现为一脉相承的事情，先祖的功勋使后人得以世代蒙其福荫。北京市帽儿胡同 11 号民居大门四个门簪上写着“国恩家庆”（图 4–1），体现着国对家、对人民的恩德，家为国庆。秦汉之后，儒家的不少伦理道德规范都能够体现出“家国

图 4–1 “国恩家庆”门簪。北京市帽儿胡同 11 号，2016。

同构”的要求，这也是“推己及人”原则的重要体现。站在今天的视角来看，它们的确有其历史局限性，但无论按照历史唯物主义还是按照现象学的视角来看，今天的人们都难以用现代标准对“过去”苛求太多。所谓的“忠、孝、节、义”，要求人们忠于君主，孝顺、守节、重义。实际上对于民间社会而言，君主与国家都是非常抽象的概念，君主不过是国家的代名词，“忠君”与“爱国”在人们看来具有同义性。家族与社会的沟通对社会而言也会使社

图 4-2　“敦诗悦礼，含谟吐忠”门联。北京市兴华胡同 8 号，2016。

会更加和睦。家族的势力过于壮大，如果不与社会、国家相“和”，反而会成为社会稳定的潜在威胁。对于更广泛的“公”来说，其实代表了非血亲的、非熟人社会的社会群体，整体来说就是国家。从国家安定、社会和谐方面来说，“公”“私”之间的变通是对社会整体的稳定有重要意义的。对于家族与国家来说，并非存在着绝对的利益冲突，“忠”与“孝”的对立并非是绝对的，只是在不同的历史时期，不同的思想学说侧重点不同罢了。其实究竟该把“忠”“孝”谁放在前面这样的问题在大多数人的日常生活中是极少面对的。这样的观念在民居大门上体现得非常广泛，在此以两例进行呈现。安徽棠樾村，明代官员鲍象贤的门屋上就悬着“宣忠”的匾额。[2] 在北京市兴华胡同 8 号的蛮子门上写着“敦诗悦礼，含谟吐忠”（图 4–2），表达了宅主人希望饱学诗书、报效国家的志向。

家宅大门一面面向家内，一面面向家外，这内外之间在文化表意方面并不是对立和矛盾的，门内对人的教化并没有偏执于私利的追求，大都是合乎社会共同体利益的。传统的礼制社会追求“道统”，即人们以常识理性为基础建立起来的道德标准，以此来规范自己的行为。“礼”则是道德得以呈现的外在行为形式，依靠的是人们对它强烈的认同感、敬畏感，民间的传统文化以春风化雨的方式，让人们自觉地奉行社会通行的价值观，并身体力行地维护这种秩序。社会礼教对家族的影响不仅仅体现在大门上，越过门界，在私人领域的内部，到处都渗透

图 4–3 “忍而和”门楣。山西省晋中市太谷县北洸村曹家大院，2014。

着这些礼教观念。

例如，儒家主张人与人之间要和睦相处，做人要谦虚、忍让、知足、求“和”。所以在家宅内部就常有教人忍让的匾额。如山西曹家大院，进门后在左侧的偏院门楣处就刻着“忍而和”（图 4–3），提醒着家里人要以“和”为重，“忍”为其要。在渠家大院后院的女儿墙上，刻着“学吃亏”（图 4–4），其意义不仅在于告诫家人之间要相互忍让，当然也意在告诫门内之人与门外之人要和睦相处。由门内的这些例子可以看到，防卫着私人领域的家门虽然是隔界，但这种协调小群体与大群体，私利与公利

图 4–4　“学吃亏”门楣。山西省晋中市祁县渠家大院，2014。

的道德、礼仪却贯穿于门的内外。家族追求的是族脉欣欣向荣、延绵不断，但族脉不可能独自发展壮大，必须与社会发生关系，参与其中，因为人们追求的是“忠厚传家”“世德流芳”这样的家族荣耀和历史地位，所谓的“传家”“流芳”都是以社会、时代为依托的。这是家族和社会、国家不可隔绝的关系，家宅、家族都需要一个开口，需要与外界交流、交融，如此才有可能生生不息，与世长存。所以，家门内外的可连通性，既在空间上连通着家族与社会、国家，其宣扬的道德规范对于家庭、家族及全社会的和谐、有序、稳定、繁盛也都是有推进作用的。同时，传统社会中，人们奉行的伦理观、道德观是一致的，把传统文化观念从公共空间渗透到各个私人空间，就会使人与人之间的冲突大大减少。

总体来看，“私”与“公”区隔与变通的问题其实是门界“内—外”关系的问题，门仍然以内外关系为基础来趋利避害，来求善。这里的“善”，从哲学层面来定义就是所谓的“合目的性”。很多时候，人们相信任何事物都有其与生俱来的内在目的或先天使命，即合目的性。但是对于“善”的追求不应仅仅停留在眼前的、暂时的私利层面，而是要使自己与门外的群体、社会相和，成就公义，得到长久而稳固的“善”。正如上文所言，代表着“私”与“公”的“孝”与“忠”，其内在动力与合目的性有相对一致性。爱家是人的道德基础，也是进入到社会理性之爱的情感基础，后者则是对前者的升华，这也正是《礼记·大学》中“修身齐家治国平天下”体现出来的逻辑。从这个层面来讲，“私”与“公”是一脉相承的，“私”是达成“公”的必要途径，是每个人从天性之责到社会之责的成长之路。所以，在中国传统伦理道德体系之下，从“私”到“公”是存在着合目的性的道德理性的，遵循者即为行“善”之道。礼教对人的规约也是教人要按照这样的合目的性来处理二者的关系，合目的性的“善”实际上就是那些使个人与社会共利的价值追求。

第二节
尊与卑

以尊卑为基础的社会秩序是儒、法等学说尤其强调的，尽管它们的思想立足点有所不同。理学兴盛之后，尊卑之别被进一步强化，它以“天理”作为其先验依据，以社会等级的“高低有别”作为强化方式。一方面，民居大门作为“内—外”出入口，对社会等级高低（如爵位、官品、行会职位等）及公认的社会威望（如乡村的乡绅、长老）的昭示则成为表征尊卑的重要方式。另一方面，国家依靠礼制来建立社会秩序，明确尊卑关系，不同级别的品官，其宅邸的营建标准有着明确的规定。本书在此重点对古代国家所确立的门之礼制进行梳理，以此呈现门在体现尊卑观念时的表征方式。

礼制是对中国建筑影响非常重要的一个方面，周代开始，国家就重视“宗法制度”对国家的管理，周代在夏、商的治国政策、制度规范的基础上进行了汇总、整理与增补，形成了周代的礼仪规范。后来的“三礼”就是沿着这个路线发展出来的。“三礼”包括《周礼》《仪礼》《礼记》，代表了儒家成熟完备的伦理规范体系，几千年前来一直深深地渗透在中国社会中。

从文献来看，中国民居的营建很早就需要服从国家礼制、规章的要求。“《汉书》曰：高祖诏列侯食邑者皆赐大第室，二千石受小第室。注云有甲、乙次第，故曰第。又曰出不由里门，面大道者名曰第。”[3]关于什么是“第”，这里有了确切的说明。汉代的城市建设实行的是里坊制，里坊是古代城市中的组成单元，由闾里制演化而来，先秦时称为“里”，北魏始称作“坊”。里坊制的街道呈棋盘状，每个坊为方形，四周有围墙并开设坊门，每日有规律地开放坊门供坊内居民出入。人们在这种严格的空间划分中，所有的活动都受到了有序的控制。“第”是指那些出入不经过里门（或坊门），坊墙上直接面朝大道开门的宅子，这是区别于“里”内居民住宅的贵族府邸，后文献中常称“第宅”，所以第宅已经是高规格居宅的代表了。但在古代贵族的各种第宅中，也有着严格的等级分野。

在礼制的作用下，古代社会的建筑也是施行国家政策的对象，从都城、宫殿、庙宇到住宅，无不渗透着儒家的礼制观念。建筑的形制不能自由创造，而是要严格按照国家的礼制规范来建屋造宅，从布局、形式、色彩等，都透露着有别的身份及等级。古代中国讨论建筑的人都喜欢从一些经史经典中寻找和建筑有关的著述作为理论支撑，相比之下，“经典”对于建筑的“塑造”要远远高于建筑的自主发展。在大多数情况下，它只能作为完成礼制规范的工具，借以达成政治的意图。另外，汉代以来的天人感应说又将阴阳学说纳入其中，古代社会的阶级划分都能在其中找到相比拟的位置，使礼制建筑从政治律令、理论阐释到实施成了一系列井井有条、不容置疑的事情。

为了更加清晰地呈现出国家礼制对大门的规范，这里以门上各部分构件为线索，梳理各个时期相关律令对具体构件的营建要求，使我们对门的礼制要求与具体形式有较为详细的了解。

1. 屋 顶

国家礼制对屋顶的要求主要体现在屋顶的类型、覆瓦的种类及屋脊安兽的规范。宋代李如圭的《仪礼释宫》记载了战国以前的住宅规制：“堂下至门，谓之庭，三分庭一，在北设碑。堂涂谓之陈。中间屋为门，门之中有闑。门限谓之阈，阖谓之扉。夹门之堂谓之塾。门之内外，东方，曰门东，西方，曰门西……自门以北皆周以墙。人君之堂屋，为四注，大夫士，则南北两下而已。”[4]可见周礼中就对“人君”和大夫、士的屋顶做了不同的规定，君主的堂屋可以为四注，即庑殿式屋顶；大夫、士则用前后两坡的悬山屋顶或硬山屋顶。和《仪礼释宫》一样，古代文献中对于屋顶、

图 4-5、4-6　醇亲王府（南府）街门歇山式屋顶外侧、内侧，北京市西城区鲍家街 43 号，2016。

脊兽的规定一般都是对宅院中正殿、堂屋、正屋的规定，罕见对大门屋顶有具体的规制。不过，在现存的民居大门中，大门屋顶也是人们彰显身份的一个标志，其形制的复杂程度是与整座宅院的规制相一致的。

我们看北京的那些清代四合院大门，级别最高的王府大门已经成为“殿式大门”了，即大门是一座独立的建筑，建造形制如正殿一般。如北京孚王府、醇亲王府（图 4–5、4–6）的大门屋顶为歇山式屋顶，形制比“四注”庑殿式屋顶更为复杂，一般多用于殿堂，而且正脊有正吻，戗脊上还有一排小兽，这样的大门已经成为一座独立的殿堂式建筑了。次一级的大门是“屋宇式大门”，包括前面所说的广亮大门、金柱大门、蛮子门、如意门。这些门取倒座房中的一间为大门，也有独立的屋顶，门屋高出两边的倒座房，但这种屋顶相对简单，一般为“两下”的硬山式屋顶或悬山式屋顶。再简单的四合院大门一侧已经没有倒座房了，大门随墙而开，即随墙门，这种随墙门上也有屋顶，但这屋顶支撑的空间比较小。所以，从“殿式大门”的歇山式屋顶，到随墙而开的硬山式屋顶，大门屋顶的等级也随着宅子的规制等级在递减。

在明清以前，对于民居大门用瓦的规制较少见于文献，但从明清的相关文献来看，大门覆瓦已经有了比较统一的规范。明代有规定亲王宫殿、门庑及城门楼皆用青色琉璃瓦。“（洪武）九年（1376）定亲王宫殿、门庑及城门楼，皆覆以青色琉璃瓦。”[5]清代的《钦定大清会典则例》记载了贵族府第大门用瓦：

府第规制：

崇德年间（1636—1643）定：

亲王府制：楼、大门用筒瓦，余屋用版瓦。

郡王府制：正屋、内门均绿瓦，门柱朱髹，厢房用筒瓦。余与亲王府同。

贝勒府制：内门一重，在台基之上。均筒瓦，门柱朱髹。余与郡王府同。

贝子府制：大门一重，正屋一座，厢房二座，均于平地建造。用版瓦，门柱朱髹。

顺治九年（1652）题准：

亲王府：正门、殿、寝均绿色琉璃瓦，后楼、翼楼、旁庑均本色筒瓦。

世子府制：正门一重，正屋四重，正楼一重……余与亲王府同。

郡王府制：与世子府同。

贝勒府制：正门三间，启门一。堂屋五重，各广五间。均用筒瓦……余与郡王府同。

贝子府制：……余与贝勒府同。

镇国公、辅国公府制均与贝子府同。[6]

从《钦定大清会典则例》中崇德与顺治年间的府第规制来看，亲王府的大门用瓦仍然是绿色琉璃瓦（图 4–7），世子府、郡王府应该也可以覆绿色琉璃瓦，但厢房、后楼、翼楼等较次要的房屋只能用本色筒瓦，郡王以下，贝勒府则均用本色筒瓦（图 4–8），贝子府、镇国公、辅国公府等用更低等级的版瓦（图 4–9）。所以，绿色（青色）琉璃瓦、筒瓦、版瓦构成了第宅用瓦的等级秩序。琉璃

图 4–7　郑王府大门屋顶上的绿琉璃瓦与脊兽，北京市西城区大木仓胡同，2016。

图 4–8　涛贝勒府屋顶上的筒瓦与脊兽，北京市西城区柳荫街，2016。

瓦是在泥质瓦的表面上一层釉，烧出来的瓦不仅有了更加丰富的色彩，较泥瓦更为坚实，且防水耐用，质地也更为平滑，显得华丽、高贵。一般皇宫内用黄色琉璃瓦，宫廷之外禁止使用黄色琉璃瓦，绿色的琉璃瓦已经是贵族府第中的最高等级了。而筒瓦屋顶与版瓦屋顶其实底瓦都是版瓦，不同之处在于前者在两行版瓦间覆盖的是筒瓦，后者则覆盖同样的版瓦，因此形成不同的瓦面效果，但在古代社会秩序中也成了区分等级、身份的标志。

图 4-9　大学士崇礼住宅大门屋顶上的版瓦，北京市东城区东四六条，2016。

此外，《钦定大清会典则例》与《钦定大清会典》还记载了王府中屋脊安兽的规制：

世子府制：正门一重，正屋四重，正楼一重。其间数、修广及正门金钉、正屋压脊均减亲王七分之二。

郡王府制：与世子府同。

贝勒府制：均用筒瓦，压脊二狮子海马。

贝子府制：脊安望兽。

镇国公、辅国公府制均与贝子府同。[7]

凡亲王府制：……

有禁：凡正门、殿、寝均覆绿琉璃，脊安吻兽……压脊七种。

世子府制：金钉、压脊，各减亲王七之二。余与亲王府同。

郡王府制：与世子府同。

贝勒府制：压脊五种……余与郡王府同。

贝子府制：正门一重……余与贝勒府同。

镇国公、辅国公制：与贝子府同。[8]

古人把“九”视为阳数中最大的数字，皇帝所居宫殿屋脊上的小兽一般放九只，最前面的是一位骑在鸡上的仙人，后面排列着龙、凤、狮子、天马、海马、狻猊、押鱼、獬豸、斗牛。[9]其他贵族第宅的压脊规格依此递减，规格最高的亲王府可压脊七种，世子府五种，且压脊的神兽种类也有具体的规定。虽然压脊数量的规定多是对正殿而言的，很少对大门压脊有专门的说明，但很多时候大门是参照正殿的等级标准而建的，压脊一般少于正殿的数量。如郑王府大门屋顶压脊兽五种（如图 4–7），涛贝勒府大门屋顶上的脊兽有三种（如图 4–8）。

2. 斗 拱

斗拱是我国古代建筑中的一个特色，国家礼制也渗透其中，对斗拱的适量运用也成了部分阶层的特权。隋唐时期，“准《营缮令》：王公已下舍屋不得施重栱”[10]。宋代，《天圣令》的《营缮令》中所载北宋第宅规制：“诸王公以下，舍屋不得施重栱藻井。”[11]“凡民庶家，不得施重栱、藻井及五色文采为饰，仍不得四铺飞檐。”[12]元代对居宅的记录甚少，和门有关的更难看见，但对于装饰有一点记载，从中可见官宅与民宅的区别。“诸小民房屋，安置鹅项衔脊，有鳞爪瓦兽者，笞三十七，陶人二十七。”[13]禁止民宅正脊两端用兽首，违反者要受到相应的责罚。明代规定公侯、百官住宅，“房舍并不得施用重栱、重檐，楼房不在重檐之限”[14]。“洪武二十六年（1393年）定制，官员营造房屋，不许歇山转角，重檐重栱，及绘藻井，惟楼居重檐不禁。”[15]

柱子上的斗拱结构完成后又重复、叠加一层，即形成重栱，也就是出二跳及以上的斗拱，如此使斗拱看起来更加繁复、华丽，正如人们喜欢在殿堂中用重檐的方式来增加屋顶的庄重感，强调建筑的重要性一样，“重复”实际上成了突出建筑地位的一种惯用手段。所以各朝各代对于重栱、重檐都有严格的规定，甚至有些时候，不止庶民，公侯、百官都不得使用重栱，显示出了古代社会对建筑的严格限制，强调皇权的绝对地位和不容逾越的等级秩序。

3. 门的间数、间广

各朝大门规制较为细致，总体来看包括了大门的间架数量、门色、门钉、门环、门柱等。

魏晋南北朝时期，“《魏武制度》奏曰：三公列侯门施内、外塾，方十步”[16]。三公列侯大门两侧的门塾中间用隔墙分成内塾和外塾，突出了大门内外兼备的功能。唐代对大门的开间数量也有明确的限制：

准《营缮令》：

王公……

三品以上……门屋不得过五间五架。

五品以上……门屋不得过三间两架（下）。

仍通作乌头大门。

勋官各依本品。

六品、七品以下……门屋不得过一间（架）两架（下）……

又，庶人所造堂舍……门屋（不得过）一间两架（下）。仍不得辄施装饰。又准律，诸营造舍宅，于令有违者，杖一百。虽会赦令，皆令改正（之）。[17]

其门舍：三品以上五架三间，五品以上三间两厦，六品以下及庶人一间两厦。五品以上得制乌头门。若官修者，左校为之。私家自修者制度准此。[18]

这时的“架”指的是“椽”，和宋代所称的“架”一样，而清代则用“架”表示“檩”（图 4-10）。这里的“厦”与“下”意义相同，均指屋顶的斜坡，“两厦”是两坡屋顶，即悬山屋顶。可见唐代对门屋的规制更加具体，门的开间数，甚至门上屋顶的样式也有涉及。三品以上宅门面阔三间，进深五架，悬山顶；五品以上官宅大门面阔三间、进深两架，悬

图 4-10　椽与檩。北京市炒豆胡同 75 号，2016。

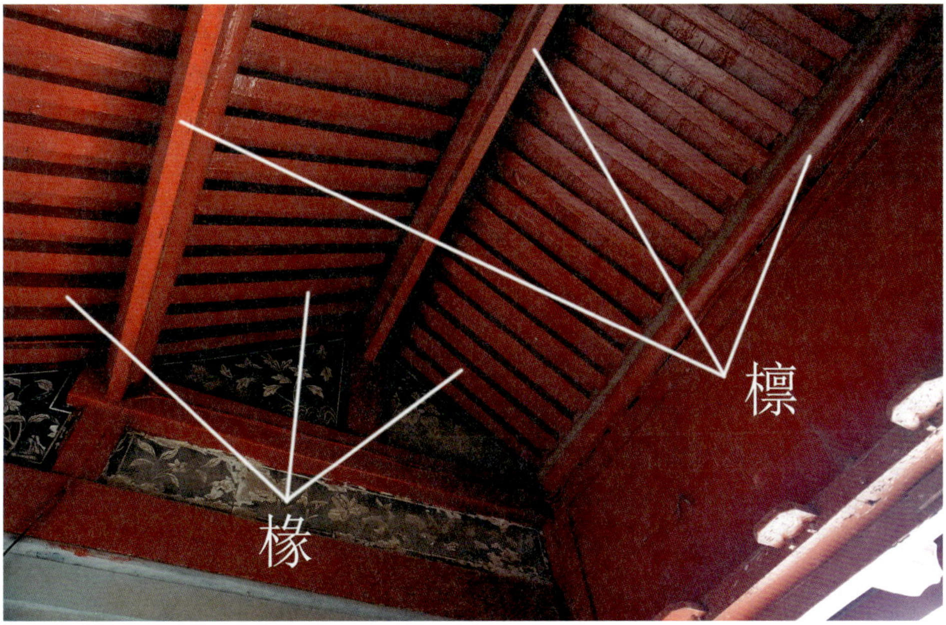

山顶；六品、七品以下官宅大门面阔一间，进深两架，悬山顶。而庶人的宅门只能建面阔一间、进深两架的悬山顶门屋。

宋代大门规制：

私居，执政、亲王曰府，余官曰宅，庶民曰家。

六品以上宅舍，许作乌头门。父祖舍宅有者，子孙许仍之……庶人舍屋，许五架，门一间两厦而已。[19]

其门舍，三品以上不得过五架三间，五品以上不得过三间两厦，六品以下及庶人不得过一间两厦。五品以上仍通作乌头大门。[20]

（景祐三年，1036 年，八月）己酉诏：非品官毋得起门屋。[21]

在此可以看到，古时在对居宅的称呼上，就已经显示出了身份等级的差别。亲王的居所称为“府”，品官为“宅”，而庶民百姓为“家”。宋代大门，五品以上允许建乌头门。当时的乌头门是在宅门外面的院子上，这个院子可以停放车马，也是显贵人家才有的特权。三品以上官员门屋面阔三间，进深五架；五品以上不得超过三间两架，悬山顶；六品及庶人不能超过一间两架，悬山顶。而且庶人房屋不得起门屋。另外值得注意的是，在唐代及宋代都有言所有第宅“不得起楼阁临视人家”，体现出人们对住宅的统一性、隐私性是十分重视的。

自汉代开始，皇帝封其兄弟、儿子为“亲王”，是中国皇族爵位中的最高等级，明初朱元璋在全国共分封了 26 个亲王。另外，明代亲王的儿子为“郡王”，皇帝的女儿为“公主”，亲王的女儿为“郡主”。明代对亲王府、郡王府、公主府，以及各级百官的建宅规模都有具体的规定，但各个阶段的规制也有所调整。

公侯、百官住宅：

职官一品、二品：正门三间五架。

三品至五品：正门三间三架。

六品至九品：正门一间三架。

庶民所居堂舍，不过三间五架，不用斗栱彩色雕饰。[22]

公主府第：洪武五年（1372），礼部言："唐、宋公主视正一品，府第并用正一品制度。今拟公主第……正门五间，七架……"[23]

洪武二十六年（1393）定制：

公侯：门三间五架。

一品、二品：门三间五架。

三品至五品：门三间三架。

六品至九品：门一间三架。[24]

郡王府制：天顺四年（1460）定，前门楼三间五架，中门楼一间五架。

……

弘治八年（1495）定王府制：

前门五间，门房十间，廊坊一十八间。端礼门五间，门房六间。承运门五间，前殿七间，周围廊房八十二间，穿堂五间，后殿七间。（共 150 间）[25]

在明代，公、侯一般是立军功的官员，或者外戚。综合来看，明代贵族大门最高的规制是面阔三间，进深五架，包括公侯和一品、二品官。三品至五品官宅面阔三间，进深三架。六品至九品官宅面阔一间，进深三架。

清代民居制度基本沿袭明代，但也有满族的特色。首先在官职制度方面，清代既保留了曹魏以来的"九品中正制"，又有满族的传统称谓。亲王、郡王、贝勒、贝子、镇国公、辅国公……宗室封爵等级分明。"亲王"在清代仍是诸爵位中的最高等级，为皇帝叔伯、兄弟、子孙等离帝血最亲近者；亲王的儿子中有一人封"世子"，一般是亲王的嫡长子，即将来继承王爷、诸侯爵位的儿子；郡王、贝勒、贝子、镇国公、辅国公级别依次递减，而公、侯及一品至九品官则是非皇室内的爵位与官职。清代的五等爵位源于明代，但名称不断变化，到乾隆时开始统一为"公、侯、伯、子、男"。其中公爵、侯爵、伯爵属于超品，子爵为一品，男爵为二品。

其中皇族府第规制如下：

顺治九年（1652）题准：

亲王府：正门广五间，启门三。

世子府制：正门一重，正屋四重，正楼一重……余与亲王府同。

郡王府制：与世子府同。

贝勒府制：正门三间，启门一。

贝子府制：正房三间，启门一。

镇国公、辅国公府制均与贝子府同。[26]

《钦定大清会典》：

府第

凡亲王府制：正门五间，启门三。

图 4-11　克勤郡王府大门。北京市西城区新文化街，2016。

世子府制：正门五间，启门三。

郡王府制：与世子府同。

贝勒府制：正门一重，启门一。

贝子府制：正门一重。

镇国公、辅国公制：与贝子府同。[27]

综合《钦定大清会典则例》与《钦定大清会典》的记载，亲王府、世子府、郡王府大门有五间，开三间为门（图 4–11），贝勒府正门三间，启门一（图 4–12），贝子府、镇国公府、辅国公府与贝子府同制。综合来看，各代对门屋的规制并无统一，但是各朝都在自己的标准上建立了一套有序的制度，尤其是官宅，更能体现出这种等级分明的秩序。

图 4–12　涛贝勒府大门。北京市西城区柳荫街，2016。

4. 门色、门钉、门环、门柱、梁栋

早期，黄阁也是最高官阶府第的标志："旧制三公黄阁，听事置鸱尾，后主特赐摩诃开黄阁，门施行马，听事、寝堂并置鸱尾。"[28] 魏晋南北朝时沿袭了汉代已施行的三公宅邸大门为"黄阁"的制度，萧摩诃立功后也授予其三公特权，宅门涂黄色，门前可设置阻拦人马通行的木架，这是魏晋南北朝时期官府及贵品官宅才有的特权，并且厅、堂屋顶均可用鸱尾。所以，黄阁、鸱尾应该是汉至魏晋南北朝社会中最高规格宅门的标志。明代，门的颜色、门钉数量与材质等规制较成体系：

（亲王府）洪武四年（1371）定，四城正门，以丹漆，金涂铜钉。[29]

亲王府制：洪武四年（1371）定，四门正门以红漆金涂铜钉。[30]

公主府第：洪武五年（1372），礼部言："唐、宋公主视正一品，府第并用正一品制度。今拟公主第……大门，绿油，铜环。石础、墙砖，镌凿玲珑花样。"从之。[31]

职官一品、二品：门彩油及兽面铜环。

三品至五品：其门黑油，兽面摆锡环。

六品至九品：黑门铁环。[32]

洪武二十六年（1393）定制：

公侯：（门）用金漆及兽面锡环。

一品、二品：（门）绿油，兽面锡环。

三品至五品：（门）黑油，锡环。

六品至九品：黑门，铁环。

品官房舍：门窗、户牖不得用丹漆。[33]

明代亲王府城门可涂红色漆，门钉为铜质涂金，公侯府大门涂金漆，兽面锡坏；一品、二品官宅门涂彩油或绿漆，兽面铜环（洪武二十六年为锡环）；三品至五品官宅门涂黑漆，（兽面）锡环；六品至九品官大门涂黑色漆，铁环。另外，明代品官房舍门窗户牖都不得使用红色漆，可见红色大门在明代宅院中代表了至高无上的地位，红色大门、金色大门、绿色（彩油）大门、黑色大门；金钉、兽面铜钉、兽面锡钉、锡环、铁环，共同形成了秩序鲜明的大门等级符号。

清代：

顺治九年（1652）题准：

亲王府：凡有正屋、正楼、门，柱均红青油饰。每门金钉六十有三。梁栋贴金，绘画五爪云龙及各色花草……有禁：凡旁庑、楼屋均丹楹朱户。其府库、仓廪、厨厩及祇候各执事房屋，随宜建置于左右，门、柱黑油、屋均版瓦。

世子府制：其间数、修广及正门金钉、正屋压脊均减亲王七分之二。梁栋贴金，绘画四爪云蟒，各色花卉。

郡王府制：与世子府同。

贝勒府制：门柱红青油饰，梁栋贴金，彩画花草。余与郡王府同。

贝子府制：余与贝勒府同。

镇国公、辅国公府制均与贝子府同。[34]

《钦定大清会典》：

府第

凡亲王府制：……

有禁：凡正门、殿、寝均覆绿琉璃，脊安吻兽。门柱丹雘，饰以五采金云龙文，禁雕刻龙首。压脊七种，门钉纵九横七……其为府库、为仓廪、为厨厩、及典司执事之屋，分列左右，皆版瓦。黑油门柱。

世子府制：梁栋绘金采花卉、四爪云蟒。金钉、压脊，各减亲王七之二。余与亲王府同。

郡王府制：与世子府同。

贝勒府制：门柱红青油漆，梁栋贴金采，画花草。余与郡王府同。

贝子府制：余与贝勒府同。

镇国公、辅国公制：与贝子府同。[35]

官员府第规制：

顺治九年（1652）又题准：

公侯以下官民房屋……梁栋许绘五彩杂花，柱用素油，门用黑饰。官员住屋中梁贴金。[36]

公侯以下至三品官……门柱饰黝垩，中梁饰金，旁绘五采杂花。

二品以上……公门钉纵横皆七，侯以下至男递减至五五，均以铁。士、庶人惟油漆与职官同，余各有禁，逾制者罪之。[37]

综合《钦定大清会典则例》与《钦定大清会典》

图 4-13　孚王府门上的门钉，北京市东城区朝阳门内大街，2016。

的记载，清代亲王府门柱可涂红漆或青红油饰，门钉纵九横七六十三颗（图 4-13），且为金钉，梁栋贴金，可绘五彩金云龙纹及各色花鸟，但不能雕刻龙首，仓库、厨房等宅院中非重要房屋之门则门柱均涂黑漆，如同屋顶之瓦不能像大门、正殿用琉璃瓦或筒瓦，而只能用版瓦；世子府、郡王府大门颜色同亲王府制，金钉减亲王七分之二为四十五颗，梁栋贴金，其上可绘制金彩花卉、四爪云蟒；贝勒府门柱青红油饰，金钉数量亦为四十五颗，梁栋贴金，但只可画彩色花草；贝子府、镇国公府、辅国公府与贝勒府同制。官员住宅在此基础上递减：公侯以下的宅院，大门涂黑漆，柱子用素色，梁栋可以绘制彩色花卉，正房可以中梁贴金；公侯以下至三品官的宅院，门柱皆为黑色，中梁贴金，旁边可画彩色花卉，其中公之宅门钉为七七四十九颗，侯以下至男宅门钉为五五二十五颗，门钉铁质；士人、庶民仅有门柱油漆与职官宅院相同，其他皆有禁令，逾制将获罪受惩。

5. 阶　基

阶基作为建筑的一部分，也在古代宅居规制中得到了重视，但只有少量文献提及大门阶基高度的情况，明代“亲王府制：洪武四年（1371）定，王城高二丈九尺，下阔六丈，上阔二丈，女墙高五尺五寸。城河阔十五丈，深三丈。正殿基高六尺九寸，站台高五尺九寸，正门台高四尺九寸五分，廊房地高二尺五寸”[38]。于此可见洪武年间的亲王府正门台高四尺九寸五分。清代，第宅中对正殿的基高比较重视，而大门在规制中则要求平底建造。如“崇德年间（1636—1643）定：亲王府制：台基高十尺。内门一重，在台基之外，均绿瓦，门柱朱髹。大门一重，两层楼一座，及其余房屋，均于平地建造”[39]。也是清代第宅的一种特色。

至此，从屋顶、斗拱、大门的间数、间广、门色、门钉、门环、门柱、梁栋、阶基，已经可以看到大门各部分表征等级与阶层的情况。各个朝代都会有自己的依据，而且各朝颁布律令的机构也不相同，所以从历史线索来看并没有一种统一的宅居规制，而是每个朝代自成一体。不过其中也有很多相通的地方，比如屋顶的规制，对斗拱出跳数量，对大门间数、间广的限制等各朝没有太大变化。虽然其名称及尺寸皆有不同，但它们都是以同样的方式作为衡量等级秩序的标准，如各朝都用门的颜色、门钉、脊兽的数量来对照宅主人的官阶……这些都是门呈现宅主身份差异与等级秩序的方式。

在对古代门制的总结中可以发现，唐代和宋代都有“非常参官禁造轴心舍”的特例。“准《营缮令》：非常参官不得造轴心舍”[40]即只有“常参官”[41]才可把大门建在中轴线上。还记得在民间建宅的风俗中，无论从风水层面来讲，还是出于对造轴心舍的宫殿、庙宇等神圣建筑的敬畏，普通百姓都忌讳把大门开在房子的中轴线上。在这里，国家律令把宅院建轴心舍的特权给了部分经常伴皇帝作左右的官员。

实际上，大门上的构件最初都是有实际功能的。屋脊上的小兽是由固定瓦片的瓦钉钉帽发展而来。渐渐的，屋顶上的瓦可以用泥灰固定，不再需要钉了，但小兽却没有从屋顶上消失，反而成了屋顶的一部分。门板上的门钉本是为了固定拼合起来的门板，但随着技术的进步，工匠已经不需要门钉钉进后面的腰带里来钉合门板了，而是改用比门板更薄的木条插入门板的木槽中，但人们依然没有让门钉在门板上消失……和许多民间艺术形态一样，门上的许多构件都渐渐失去了原初的实用功能，但人们习惯性地保留了长期以来的审美方式，这些装饰造型也逐渐成了人们身份等级的符号、尊卑有序的表征。门依靠礼制在民间生活中对“尊卑”的表征是如此有效，以至于“名门望族”“门当户对”“侯门似海”“相门出相”“鲤鱼跳龙门”等成语成为人们日常生活中耳熟能详的表达语汇。

实际上，“尊卑有序”正是儒家建构社会秩序最为核心的价值取向，无论是古儒所说的“君君臣臣父父子子”，还是宋明理学以来的“三纲”，都被认为是一个社会之人必须遵守的社会规范。在这种思想体系中，每个人都必须明确自己的社会位置，这便是理学所谓的“天理”所在。不过，儒家的高明之处在于将这种尊卑纳入一个充满着“爱”的血缘网络之中，“君臣”往往又被称为“君父—臣子”，所谓“爱民如子”“父母官”等说法最为清晰地体现了这样的思路。儒家在此基础上建立起一套要求人们遵守的道德体系，在一定程度上又消解了“尊卑”所带来的社会区隔。这就不难理解不少官宅大门会以匾额为载体将此等观念清晰地进行彰显了。

第三节
富与贫

图 4-14　山西省晋城市沁水县土沃乡西文兴村中宪第大门，2019。

乡土社会中，贫者家宅大门多开单扇土门；普通人家开双扇平头门，不起屋顶，但有门框、门柱。豪门之家的宅门则相对复杂，正屋对面建门楼，梁、柱、框皆具，甚至修成双层阁楼式门楼，门楣上挂匾额，雕刻、彩绘都十分华丽。[42]（图 4-14）从儒、道、墨等经典文献来看，他们对炫耀财富或多或少都持有否定或戒备的态度，但仍然难以压制人们的这一行为。一旦条件允许，符合礼制，人们往往会在家门的营造上下功夫。在传统社会中，对社会地位并不高的商人阶层来说更是如此。

自古有“士农工商”一说，在“农本主义”的社会基础上，大多王朝实行“重农抑商”政策。乡土社会的一些俗礼中也会通过各种方式对不同阶层进行标记。（图 4-15、4-16）例如朱元璋在登基之初就禁止商人穿戴绫罗绸缎，以此表达政府对阶层制度的强调。这样的例子在中国古代历史上并不鲜见。不过，商人在社会阶层中看似地位最低，但随着财富的增长，其生活质量甚至可以处于社会上层。这使他们一方面通过经济财富积累了足够的自信，另一方面也希望借助自己的经济资本转化出更多的社会资本。无论家族是否获得官爵或功名，对于商人来说，他们都希望通过炫耀经济财富来彰显自己的实力。其目的一方面在于通过获得社会的承认产生心理上的满足感，另一方面也为获取更多潜在的社会资本进行财富彰显。家宅，尤其是家门，成为他们显示财富的主要场所。我认为主要有两种通过大门表征财富的方式：一是通过门的华丽程度直接炫耀；

二是通过对财富催生的官衔等社会身份进行“富裕”的含蓄表征。本节将关注点放在商人宅门的研究上，以此最具代表性的场所呈现“富与贫”的表征意图。由于晋商在中国明清经济史上具有毫无争议的重要性，此处以山西的几处重要商人宅邸进行阐述。

山西晋商有足够的经济资本投入家宅的建造上，使山西民居在中国明清建筑史上享有盛誉，大门自然是宅主人最为看重之处。第一种表征财富的方式最常见。从上一部分知道，传统社会中大门的规制是有严格的限制的，没有一定官爵的人家是不能如高品阶官员那样建造第宅的，更不用说作为庶民中最低等级的商人了。但是我们在现

图 4-15　陕西省渭南市韩城市西庄镇党家村民居门内的土地神神龛，设于大门内侧对面的影壁上，证明主人务农，2019。

图 4-16　陕西省渭南市韩城市西庄镇党家村民居门内的土地神神龛，设于大门内侧两边的墙上，证明主人经商，2019。

存的晋商宅院中看到，很多大门都不逊色于京城的王府，其特征是在不逾制的前提下，扩大门的体量，建多重大门，在门上做繁复、精细的装饰……这些大门因为没有按照王府、品官的规制来营造，反而发展出了商人宅门特有的造型样式。

在山西王家大院现存府邸中，兄弟俩王汝聪、王汝成的“乐善堂”“敬业堂”因其规模、完整度及华丽程度成为王家民宅的代表。（图4–17、4–18）王家自明代晚期逐渐发迹，清代时因贩卖牲口成为一方巨商。几百年的从商史上，不仅与各方官员关系密切，且家族为官者不在少数，成为“亦商亦官”的典型。王家发迹之后开始大规模地建造豪宅，如乾隆年间建造的红门堡、义堡、拱极堡几座宅居聚集区，仅红门堡的面积就达19000平方米。王家十七世孙王汝聪、王汝成任官后耗费巨资修建高家崖宅居群，“乐善堂”“敬业堂”分别在1796年和1811年完工。王汝聪曾官居五品，任刑部山东司郎中，“乐善堂”既为官宅，亦为商宅。“乐善堂”的大门共两层门楼，加上五层台阶，在高度上颇具气势。这种两层门楼在其他地域的民居中并不多见，虽有登高观望的功能，但主要目的仍在于强化门楼的气势。除了高度外，“乐善堂”颇能显示其“家底”的是精美的砖雕及木雕。例如在二层门楼的左右戗檐、拔檐、垫花上，都铺着极其精美的砖雕，装饰母题包括喜鹊、牡丹、书籍、笛子、古琴等。如果说批量化翻模成型的砖雕造价还不算特别高昂，普通人家还能承受，一层门楼的博古架及二层门楼的墙面则完全由木工一凿一斧地完成，绝非易工。博古架反映了中国民间对文人生活的普遍向往，雕刻着书籍、花瓶、古琴、香炉等形象，尤其让人印象深刻的是从博古板上悬吊下来的垂柱。它被雕刻成层层叠叠叶片包裹其中的样子，底部一只吉鸟则张开双翅紧紧地抱住它，营造出动静合一、生意盎然的气息。垂柱的顶部雕刻着民间颇为喜爱的形象“鹿”，“鹿”不仅可以以谐音象征“禄”，同时也被认为是能够象征长寿的祥瑞之兽。它被花草簇拥着，奔跑中回头张望着什么。生动性和写实性兼备，构图平衡而不呆板，其雕刻水平在清代山西实属上品，绝非一般木匠可以完成。“乐善堂”门楼在王家大院乃至山西民居体系中都代表着非常高的水准，它无疑体现着王家在本地毋庸置疑的经济实力。

图 4-17　山西省晋中市灵石县静升镇王家大院敦厚院（乐善堂）大门，2014。

图 4-18　敦厚院（乐善堂）大门上的垂柱，2014。

此外，在山西省晋城市沁水县西文兴村，柳学周后人所建司马第是村里最为讲究的宅院，其大门则尤为引人注目。（图 4-19）为了增强门的体量，宅主人与建造者有意强化了它在纵向维度上的张力。尽管门只有一开间，但“四层台阶—门槛—门扇—四层门楣—九层斗拱—屋顶”这样的纵向结构使得整个大门的高度其实已经超越了两倍门扇的高度，气势并不逊于北京的王府大门。尤其让人瞠目的是九层斗拱，这在中国居民大门的设计中是颇为罕见的。（图 4-20）由于“九”这一数字在中国传统社会中往往象征着王权，大概是为了避免僭越的风险，九层斗拱被有意地布置于两个区域之中，形成上六层（四簇）、下三层（两簇）的结构。如此密集、精工的斗拱在中国民间的确少见，它无疑显示出宅主人非比寻常的财富。当地甚至有传说，一位戏剧武生觊觎柳家家藏凤冠，为盗取凤冠，特意躲在九层斗拱上七天，以此窥视柳家情况。最终盗得凤冠，却误入柳家所开当铺当卖时被抓。这个传说至少反映了两个层面的信息：一是柳家的势力范围之广；二是这个“九层斗拱”在当地民间早就家喻户晓，且因高、密给人们留下了深不可测的印象。通过数量来表征财富的方式也体现在门墩的安排上。一般来说中国民居的门槛两侧会安排左右各一个门墩，多为石狮子或抱鼓石，还有一种情况便是在每一个门墩之上融合石狮子和抱鼓石两个母题。但这座司马第的门槛左右各安排了两个门墩，而且石狮子和抱鼓石在此被单独雕刻、安放。不仅如此，在每个抱鼓石的顶

图 4-19　山西省晋城市沁水县土沃乡西文兴村司马第大门，2019。

图 4-20　司马第大门的斗拱及门楣，2019。

部又安排了两个小狮子，它们口中衔着绳子，以此形成“神（绳）狮镇宅”的寓意。（图 4-21、4-22）毫无疑问，上述令人叹为观止的工程除了有象征功能外，财富的展示也是其重要诉求，如此工程耗费的财力一般人家是无法承受的。繁复的斗拱设计、精巧的门墩雕刻，除了原材料的采购，同样需要重金聘请非常得力的木匠、石匠团队，需要供养其长时间的住宿、饮食及车马需求。

在此，财富的炫耀在大门上显得颇为直接，但有些大门对“富”的表征则以更为复杂的方式实施，即上文提到的第二种表征方式。王家大院“凝瑞居”门前挂着的灯笼上写着“大清诰授中宪大夫”，中宪

图 4-21、4-22　山西省晋城市沁水县土沃乡西文兴村司马第大门前的门墩，2019。

大夫实为虚职，但可为家族增添荣誉，各地的“中宪第”“司马第”很多都是这样的情况。西文兴村的这座司马第更为显眼地在门楣上昭示着“中宪大夫柳春芳”“中宪大夫柳茂中”的先祖官衔，在第一层门楣处也赫然挂着写有“司马第”三个金色大字的蓝底镶边匾额。柳春芳的确是柳氏家族史上值得“浓墨重彩”的一位先人，他在嘉庆年间经营盐业及当铺生意，不仅为朝廷军务捐赠了大笔军饷，且开仓放粮救济周边受灾村民，从而受到朝廷嘉奖先后授予都司及正四品昭武督尉之职。一般的说法是，柳家后代柳琳在清代考取状元之后朝廷追认其祖父柳春芳及父亲柳茂中为“中宪大夫”。但查阅了相关史料后发现清代并无柳琳这一状元。历史事实是，由于山西在清代受商业文化影响，科举取士并非民间最为看重的人生之途，整个清代并未出现一个山西（文）状元。这一现象与屡屡被人提起的一个事例大概可以吻合，雍正年间的山西巡抚刘于义曾上书道（1724）：“山右积习，重利之念，甚于重名，子孙之俊秀者多入贸易一途，其次宁为胥吏，至中材以下，方使之读书应试……”[43]所以，柳琳中状元一说很有可能是族人杜撰或民间传说，而柳春芳、柳茂中被朝廷认定为“中宪大夫”也极有可能是柳家依靠财力获取的朝廷的“恩赐”。事实上，“司马”“中宪大夫”等职皆为虚职，历史上商人以“捐官”的方式获取此等虚职的例子非常常见。

这里便形成一个非常有趣的逻辑，从表面上看，商人依靠财力获取官职并对其进行炫耀，其核心诉求在于提高自己的社会地位（政治地位）。在中国，“官”“商”二字连带使用往往带有贬义色彩，其原因正在于经济资本与社会资本（政治资本）之间非常便于进行转化，进而产生所谓的“马太效应”：资源多的人易于获得更多的资源。第一，商人可以通过经济实力取得仕途的敲门砖。自古“捐官”的方式就是商人获取社会威望（甚至获得实际政治权力）的常见方式。此外，类似于清代著名的安徽红顶商人胡雪岩，就因商业经营上的成功而进入政坛，成为左宗棠军事生涯中非常重要的人物，后官居二品。第二，商人可以借助政治力量积累更多的经济财富。无论是自己家族有成员为官，还是借助其他官员的帮助，都是可以采取的方式。较为典型的例子便是明清的晋商，他们以经营盐业、茶叶及票号为主，历来跟官场联系密切，在几百年的中国商业史上扮演过非常重要的角色。山西民间有“张嘴的龙是官，闭嘴的龙是商”的说法。无论是主观意愿还是时事所迫，他们都需要与当朝大员建立起密切的关系。众所周知，晋商中的“三晋元”票号与李鸿章、袁世凯，“乔家”与曾国荃、马玉昆、端方都有异乎寻常的关系。事实上，世人皆知“中宪大夫”“司马”等职位为虚职，往往依靠朝廷恩赐尤其是“捐官”的方式获得。因此，人们也很容易便将这些称谓与财富理解为“一个硬币的两面”。这或许存在着一个颇为微妙的心理诉求，对这些职位的昭示不过是对财富进行炫耀的隐晦方式，因为它们无法真正达到对社会资本（政治地位）及文化资本（科举功名）的炫耀。在此“富与贫”的区隔以含蓄、复杂的方式加以呈现：门内为富。

不过，中国民间一直有“均贫富”的流行思想存在。孔子说，“有国有家者，不患寡而患不均，不患贫而患不安。盖均无贫，和无寡，安无倾”[44]，晏子有“其取财也，权有无，均贫富，不以养嗜欲”[45]之言，更不要说一直以“兼爱”思想闻名于世的墨家了。佛家思想进入中土后，须达奴乐善好施等强调爱与平等的故事也一直在民间流传。所以，中国民间一直以话语的力量抵制着“独富”的可能性，富人又会通过一些表意方式来弥合这种贫富之别。正如王家大院的主人王汝聪将其宅子命名为“乐善堂”那样，他希望向外界传达出“乐善好施”的形象，这也是一个心怀“仁爱”的君子应该有的德行。所以，在大门的入口门楣处，挂着“敦厚”二字的巨大匾额，实际上也是对民间“为富不仁”观念的回应。不管出于什么样的动机，王汝聪在嘉庆年间捐银 500 两抗灾，又为帮助家族中的士子科举考试捐银 4500 两。实际上其父在乾隆年间就曾多次捐银用于赈济灾民。他们用实际行为在履行着“乐善”“敦厚”的家族承诺。

门所表征的意义也正在于此，它不仅区隔着“富与贫”，又消解着这种对立。

第四节
文与野

在儒家的经典文献中，“文”通“纹”。孔子说“文质彬彬，然后君子”，他强调了纹饰对于一位君子的重要作用。在此，纹饰当然不能仅仅理解为审美层面的装饰，它实际上是儒家礼乐文化的产物，即承载“礼”的一整套外在形式。孔子又说，“质胜文则野”，当一个人缺少文化所塑造出来的“纹”时，他便会显得粗野。从这个典故出发，“文”与“野”在后来的历时性语境中演化为一组反义词。前者是文化的塑造结果，它表征着“文雅”“有文化”等意义，后者则意味着缺乏文化滋养，表征着粗野、野蛮等意义。

很多宅门中都有对“文”的表达，并作为一种文化身份的强调。由于自古以来“士”的地位就高于“农、工、商”，当“科举取士”成为选拔官员的重要方式以后，读书人就越发受到全社会的尊重，文雅风尚自然成为一种显示身份的重要资本。而这种资本不仅仅是属于读书人的，其他阶层的人也自然希望获得一定的文化身份，以此来提高他们的社会地位。正如布尔迪厄所阐述的那样，不同资本场域中的人，同样也可以通过某种方式，来获得其他场域中的资本。这就可以理解为何古代那些富裕的商人在赚取金钱之后，还会通过各种各样的途径来获得其他场域中的资本，以此更好地提高自己的社会地位及现实利益。所以，对门上雕饰的追求，对向文之风的标榜，成了人们改善地位阶层的一种途径，“文”成了一种表征地位的方式。如图 4-23 中，陕西省党家村某民居门楣上，宅主人用浮雕的形式直

图 4-23　陕西省渭南市韩城市西庄镇党家村诗书第民居大门，2019。

接模仿了一个标有“诗书第”的门匾，明确地彰显家族的文化积淀和诗书传统。“门匾”的两侧使用文人书房内常见的花瓶装饰，这也是民居大门博古板上常见的装饰题材；下侧的装饰使用了莲花题材，很容易让人想起宋代儒家理学奠基人周敦颐的《爱莲说》，他以莲花比喻君子“出淤泥而不染”的高洁，而“去欲”也是在其看来最重要的“成圣”修身方法。

在各地的民居之门中，以图像的方式来呈现“文”的母题则是一种非常普遍的现象。例如，在北京四合院门楣顶部的“博古架”浮雕中，常常可以看到工匠们对文房四宝的精雕细刻，还有各种古玩、器皿等文人把玩之物。例如，北京市东四六条61号如意门门楣上（图4-24）、山西省临汾市丁村第1号

图4-24　北京市东四六条61号大门上的“博古架”雕刻，2016。

图 4-25　山西省临汾市襄汾县丁村第 1 号院大门外门廊柱子间横楣上的“博古”木雕，2019。

院大门外门廊柱子间的横楣处（图 4-25），都有非常精巧细致的博古题材浮雕。工匠把文人书房的博古架及器物逼真地呈现了出来，有花瓶、盆景、香炉、摆件、笔筒，品样丰富并且雕工精湛。这虽然有附庸风雅之嫌，但确实体现出宅主人对“文”的崇尚，并以此彰显自己的文化趣味。各地民间大门上用图像表达“文”的情况极为常见。（图 4-26、4-27）

又如大门两旁的门墩，一般文人宅院多做方形门墩，这往往被看作读书人的象征。民间普遍流传这样的说法，旧时，读书人进京赶考，需携带方形书箱，内置多层搁架，以便放置文房四宝和书籍。当金榜题名之后，便将书箱放于门外，作为寒窗苦读之明证。从此，“书箱”成为民居之门两侧重要的象征母题，

图 4-26　广东省梅州市梅县区南口镇侨乡村南华庐。门口清晰地用楷书写着“南州节庆，华国文章”几个大字，门廊的墙壁上布满了各种与诗书题材相关的图画，表达了文人趣味，2018。

图 4-27　南华庐门廊墙壁上的图像。图中一只狮子口中还衔着书卷，2018。

人们常常放置方形门墩，以此作为书香门第的标志。当然，人们也会在方形门墩上雕刻各式各样的祥瑞图像用以祈福纳吉，表达多元的文化含义。另外，门枕石中还有一种明确表达文化趣味的“四艺”母题：琴、棋、书、画，一般是多弦琴、围棋、线装书、中国画。除此之外，人们也在匾额及门扇上直接用文字来表达这样的文化诉求。如北京市板桥二条 5 号许林邨先生家宅的大门门扇上，用隶书写着“卜居积水，世守砚田”[46]，以此来明示自己家族对文墨之事的传承与坚守。又如东棉花胡同 29 号民宅的大门门扇上，“忠厚传家，诗书继世”（图 4–28）几个字也呈现着宅主以“文”明志的意图。这个门联在北京的民居中非常常见，多写作“忠厚传家久，诗

图 4–28　“忠厚传家，诗书继世”门联，北京市东棉花胡同 29 号，2016。

书继世长”[47]，有的还写成对联贴于大门两侧，表明世人对忠厚品德与读书修身的重视是有普遍共识的，他们把这些追求作为家训警示后人，认为这是使家族长久绵延的为人之道。这种共识也普遍存在于许多地区，且在门上多有呈现，如山西省临汾市襄汾县丁村第 22 号院外的门墙上，就刻着《朱子家训》的诗句“祖宗虽远，祭祀不可不诚；子孙虽愚，经书不可不读。”强调对教育的重视。（图 4–29、4–30、3–7）

按照上文对布尔迪厄理论的阐述，比较富有的

图 4-29、4-30　山西省临汾市襄汾县丁村第 22 号院外的门墙上，刻着“子孙虽愚，经书不可不读”，2019。

和有较高社会地位的人群往往通过自己的优势来占有更多的文化资本，从而提高自己总共占有的资本量。不过，一种资本的获得常常以牺牲另一种类型的资本作为前提。所以，那些有钱、有社会地位的人家，为了增加自己在文化场域中的资本，为了提升自己的文化地位，势必需要耗费大量的金钱或人际关系来达到资本类型的转化。其中，“经济资本是所有其他资本类型的根源”[48]，因为经济资本是可以进行精确量化和直接交换的资本形式，所以，有较高社会地位的人有时也将自身的社会资本转化为经济资本之后再进一步转化为文化资本。

在建造居宅一事中，人们对“风水”的重视一方面和“祈福”有关，另一方面也能够以此为契机炫耀家宅在“风水”之术中的知识占有量，提升自己的文化地位。当然，他们最终的目的仍然是通过平衡不同类型的资本数量来进行再生产，增加资本总量。

风水在古代起初是相地之术，也叫堪舆术，总的来说是教人避凶纳吉的知识。前面宅居门俗中已经提及，择基建宅时，风水最好的大门方位是“坎宅巽门”，即正房居北，门开于东南方向的巽位。但是在实际的村落中，不可能每个宅子的大门都能处在这样有利的位置上，更不用说那些山水环绕、背阴向阳、道路便捷的风水宝地了，因为有些贫民甚至连一个完整的围合之所都没有，他们又有什么能力来选择最佳的大门吉位？另外，宅门还讲究门不冲大道，门不对窗[49]，不正对河流、桥梁及下坡处，忌与别户大门正对[50]……把这么多禁忌都处理好的宅子也是不易找的，宅居中所追求的诸如“坎宅巽门”等，其实只属于社会中那些有条件选择的阶层。也就是说，门的方位、吉凶，或者说风水，已经成了一种知识的区隔，它成了社会中部分阶层的趣味符号、消费符号，对这种符号的占有与否实际上是在进行阶层标记，由此建立起文与野、富与贫，甚至尊与卑的区隔。

山西王家大院所在的静升村起初是一个杂姓移民村，各姓家族的实力开始悬殊并不大，西王氏虽渐渐崛起但这个过程中也有颇具实力的家族与其相制衡。无论那些大家族发展得如何壮大，在整个静升村中，一直都存有贫苦的平民、财力渐升的中间阶层，以及如西王氏一族住在堡院里的士绅这三类人群。[51]村中属于贫困阶层的农民的住所还是靠着山崖的窑洞，这种窑洞要受到山形走势的限制，以避寒取暖为主，在实用的最大化之外，尤其那些按风水理念择基建宅的想法恐怕是他们想都没有想过的，那些礼教的繁文缛节也是他们没有闲暇，或者说是没有能力考虑的事情。然而，当农户的经济条件逐渐提高，他们走出窑洞，也建起了合院，一旦开始建合院，那些与合院相关的风水知识也将是他们乐于考虑的事情了，甚至包括礼法中的各种规约。这些似乎是他们向往已久的事情，因为这标志着他们开始进入社会上层人群的生活方式，显示出他们向士绅阶层靠近的欲望，以文化趣味的方式。在静升村，家家户户的合院聚集在一起形成里巷，非常密集，要实现像士绅阶层那样可以在更广阔的空间中择基建宅还是很困难的，所以巽门坎宅仍是中间阶层难以获得的吉门吉宅。但是，相对于靠崖窑洞，这种开始讲究风水吉凶的合院已经标志了中间阶层的兴起。

除了按风水凶吉建宅安门之外，村中的中间阶层出于对合院防卫的重视，模仿士绅建堡门也是其追求趣味区隔的又一途径。在村里离耕地最近的东西大街北侧，有一些密集建在一起的合院，有时两户人家的院墙直接连在了一起，但此处居民对住宅的防御性要求更高了，有的合院还筑起了形似壁垒的大门。[52] 可见经济条件的好转会使人追求更高的生活品质及社会地位，即使有些措施并不与环境相称，可依然挡不住人们追求趣味符号以告别之前状态，即之前所属阶层的欲望。像静升村这样的情况在许多村落中都会出现，通过风水定吉凶的背后，实际上是建立了一种上层民众的趣味符号，经济实力逐步改善的社会中间阶层会把对这些趣味符号的追逐当作提高身份的一种方式。

门作为内外空间的隔界，往往表征着阶层的差异，对阶层进行区隔。但传统社会中，某些思想又在潜移默化地消解、淡化着这些差异，以此平衡着人之间的关系。“门”因其关键性的空间位置，以及作为民间习俗中表意的重要场所，同样体现着变通的思想。从主观层面来看，人们已经习惯于通过这个内外空间的临界点向外界表达自己的意愿：无论是彰显身份，报喜、报丧，还是祈福纳吉……从客观层面来看，它也再现出“文化”对人的塑造作用，再现出传统文化所具有的“平衡”作用。长期以来，中国人的日常生活以儒家思想作为基本准则，儒家虽然强调等级与尊卑，却以仁爱、孝悌等思想营造着人与人之间的温情。正如很多人所指出的那样，儒家思想产生于西周“小共同体”的时代背景中，对人与人之间温情的重视是儒生们基本的思想基础。孔子说“君君臣臣父父子子”，强调每一个角色都必须尽到自己的责任。孟子甚至有“民为贵，君为轻，社稷次之”的说法，因此儒家从很早就以一种变通的思想在平衡着差异与等级关系。除此之外，传统社会中某些制度和文化传统也在客观上起到了变通的作用，平衡着各个阶层之

图 4-31　陕西省渭南市韩城市西庄镇党家村三组 13 号民居大门，2019。

间的差异性。例如在“读书人”这个阶层中，“耕读—科举—做官—还乡”的人生结构被全社会所推崇且逐渐成为大多数读书人所向往的人生轨迹。他们从农村来，日常耕种、读书；通过科举考试的方式被选拔为官员；退休后衣锦还乡，有些人成为家乡的乡绅，作为德高望重之人主持乡下事务，最终落叶归根。“耕读”意味着“农”与“士”这两个阶层的变通、交融，“科举”则意味着从“士”到“官”的变通。当然，明清的科举制越发以僵化的“八股”作为录取标准，成为束缚知识分子思考的重要因素，对此需要有客观的认识。[53]

中国传统民居中与“耕读”及“科举取士”相关的文字、图像在大门上随处可见。门除了表征世俗生活中的差异性之外，也表征了传统文化所追求的“变通之道”。在陕西省党家村三组 13 号民宅门楣上，宅主人用金色写着“耕读”两个大字，以此明确地表达家族对耕读传统的推崇。（图 4–31）湖南张谷英村“当大门”的楹联上写着“耕读继世，孝友传家”（图 4–32）的家训。此家族来自江西，先人张谷英在明代任指挥使，后归隐于此处。家训所传达的信息不仅和孝悌相关，也体现着“耕读”的文人理想，这正体现出上文所谈的“变通之道”。在士、农、工、商“四民”中，“士”一直以来被中国人看作地位很高的阶层，所谓“万般皆下品，唯有读书高”正是读书人地位的体现。但“耕读”的意义却在于打破这种差异性，读书人并未因此将自己放在一个居高临下的位置，他们总是与“农”这

图 4–32　湖南省岳阳市岳阳县张谷英村“当大门”，2015。

當大門
英名萬古留
孝友傳家
耕讀繼世
谷地千秋

个阶层保持着密切的联系。读书人的主要任务是读书，但这种理想也鼓励他们参与到耕种劳动中。事实上，在张谷英村，“勤耕读”“兴门第不如兴学第，振书声然后振家声”等祖训随处可见，这体现出此家族对读书的推崇。很多地方，一些有功名的人家，或向往功名的人家会在门楣上题“耕读世业”“文魁”“登科”“进士第”“世进士”，体现了读书入仕作为一种提高身份阶层的途径在民间社会中备受推崇。关于“科举中第”题材的描绘在大门处也很常见，陕西省韩城市党家村一个宅子的门楣上就直

图 4-33　陕西省渭南市韩城市西庄镇党家村四组 12 号民居大门，2019。

接用金色的大字“登科”作为装饰，一般来说，家族有人当过武举人，门楣写“登科”，但其更主要的功能恐怕还在于为子孙科举登科带来祥兆。（图4–33）同样在党家村的某民宅大门处，有一幅“喜禄封侯”的影壁（图 4–34）。影壁中雕刻了喜鹊、鹿、蜂窝、猴子等皆有寓意的动物，喜鹊在民间象征着喜报三元 、喜得连科，两只喜鹊面朝自己的家门，意指“双喜临门”；蜂窝取音“封”，指封官，蜜蜂也常常与猴子放在一起，取义“马上封侯”；下面的梅花鹿与“禄”同音，即俸禄，鹿的嘴里有一灵

图 4–34　陕西省渭南市韩城市西庄镇党家村某民居大门影壁浮雕，2019。

党家村

芝，是传说中的长生不老药，后面还有一座山，寓意“寿比南山”。从影壁雕刻的这些内容看，体现了一个家族对读书入仕的向往。对于一般人家来说，科举是可以改变一家人命运的途径，如果中第，那将是一个家族的荣耀，并使这个家族在当地获得声望与庇护。当然，门楼的雕饰具有极高的艺术价值，也是用以表意的重要部位，读书取士是其中非常常见的内容。（图 4–35）

另外，最直接的例子还有门上的年画。除了常见的秦琼、尉迟恭等看护神形象外，还常有“状元门神”“五子门神”等题材，在“状元门神”（图 4–36、4–37）中描绘了两个衣着官服的状元，他们拿着兵符、相印、将印，体现了民间百姓对仕途的追求，“状元及第”“金榜题名”更体现了人们希

图 4–35　陕西省渭南市韩城市西庄镇党家村“庆有余”宅门上的雕刻，2019。
该门楼中间的木雕镂空雕刻，从上向下，最顶端雕的是喜鹊，中间有两只前腿下跪的梅花鹿，最底层是莲子莲叶，它们的寓意是：喜上眉梢、求取功名、连生贵子。两边的砖雕也有三层，最顶层雕的是麒麟，麒麟背上有一个小孩；第二层是石榴，意为子多；底层雕的是一只蝙蝠，取“福”的谐音。这三层的寓意是：麒麟送子、多子多福。最精彩的是木雕下边的石雕，有四柱下垂的花，形态不一，描绘的是莲花从开花到结果的过程。过去富裕人家的装饰讲究集木雕、砖雕、石雕于一体。

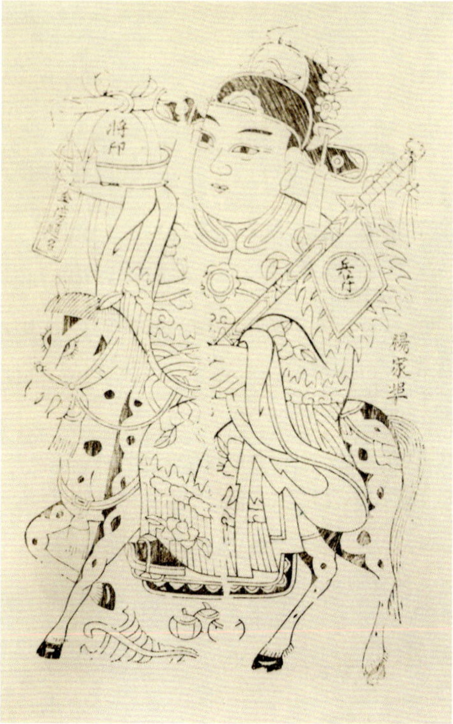

图 4-36、4-37 状元门神，杨家埠年画，50 厘米 ×40 厘米，清代中期。

望通过读书入仕来改变贫困生活的理想。“五子门神”（图 4-38、4-39）的题材来源于民间故事，相传晋人窦禹钧有五个儿子，其人重视读书，且教子有方，后来五个儿子相继登科中举，民间就称其为“五子登科”“五子夺魁”。这个题材的年画中一般由五个童子和一个文官构成，童子们把文官围在中间，各自手捧花卉、糕点、灯笼等具有美好寓意的器物，象征着功成名就、门第生辉。从这些例子可以较为清晰地论证我们的上述判断，很多时候被视为建立阶层区隔的民居之门，还有着通融、变通的一面。

行文至此，对民居之门的研究已经大致描绘出了实用之门与文化之门的关系及面貌：从门的空间

图4-38、4-39　五子门神，杨家埠年画，75厘米×45厘米，清代中期。

属性、文化功能结构，到门的文化功能在泛灵之维与世俗之域的体现。门的区隔与变通虽从其“开阖”特性中来，但它们并没有始终以“开阖”的状态为一一对应的必要前提，而是将其多重意义同时赋予门上，已无关这扇门此时是开、是阖。人创造物，运用物，物又在影响着人，门的文化功能研究仍然是对人进行解读的一种尝试。民居之门是我们平日里接触到的最平凡的门，与人的日常生活关系密切，其意义尤为深入人心。实际上，城门、宫门，皆与其相通，甚至皆从这一家一户的大门衍生而来。门已经成为一种内化于心的文化符号，它是我们认识事物的入口，也是进入内心世界的关口。通过门，可以通达许多未知之境。

1 费孝通：《乡土中国》，人民出版社 2008 年版，第 47 页。

2 参见罗冠林《匾额文化与传统民居环境》，硕士学位论文，湖南大学，2008 年，第 41 页。

3 《太平御览·卷一百八十一·居处部九·第》，《景印文渊阁四库全书》（第八九四册）子部二〇〇·类书类，台湾商务印书馆，第 727 页。

4 （宋）李如圭：《仪礼释宫》，载王云五主编“丛书集成初编”《仪礼释宫及其他二种》，商务印书馆 1937 年版，第 10—15 页。

5 （清）张廷玉等撰：《明史·卷六十八·志四十四·舆服四》，中华书局 1974 年版，第 1670 页。

6 《钦定大清会典则例·卷一百二十七·工部·营缮清吏司·府第（房屋附）》，载《景印文渊阁四库全书》（第六二四册）史部三八二·政书类，台湾商务印书馆，第 39—40 页。

7 《钦定大清会典则例·卷一百二十七·工部·营缮清吏司·府第（房屋附）》，载《景印文渊阁四库全书》（第六二四册）史部三八二·政书类，台湾商务印书馆，第 40 页。

8 《钦定大清会典·卷七十二·工部·营缮清吏司·府第》，载《景印文渊阁四库全书》（第六一九册）史部三七七·政书类，台湾商务印书馆，第 666—667 页。

9 参见楼庆西《屋顶艺术》，中国建筑工业出版社 2009 年版，第 81 页。

10 （宋）王溥：《唐会要·卷三十一·舆服上·杂录》，中华书局 1955 年版，第 575 页。

11 《天圣令·营缮令第二十八》，天一阁藏本天圣令校正，中华书局版（下册），第 421 页。

12 （元）脱脱等撰：《宋史·卷一百五十四·志第一百七·舆服六·臣庶室屋制度》，中华书局（简体字本）2000 年版，第 2407 页。

13 （明）宋濂等撰：《元史·卷一百五·志第五十三·刑法四·禁令》，中华书局 1976 年版，第 2682 页。

14 《大明令·礼令》，载《大明律》，怀效锋点校，法律出版社 1999 年版，第 250 页。

15 （清）张廷玉等撰：《明史・卷六十八・志四十四・舆服四》，中华书局 1974 年版，第 1671 页。

16 《太平御览・卷一百八十五・居处部十三・塾》，载《景印文渊阁四库全书》（第八九四册）子部二〇〇・类书类，台湾商务印书馆，第 761 页。

17 （宋）王溥：《唐会要・卷三十一・舆服上・杂录》，中华书局 1955 年版，第 575 页。

18 《唐六典・卷二十三・将作监・左校署》，中华书局排印本，第 596 页。

19 （元）脱脱等撰：《宋史・卷一百五十四・志第一百七・舆服六・臣庶室屋制度》，中华书局（简体字本）2000 年版，第 2407—2408 页。

20 《天圣令・营缮令第二十八》（下册），天一阁藏本天圣令校正，中华书局，第 421 页。

21 《续资治通鉴长编・卷一百十九・仁宗・景祐三年八月条》，中华书局排印本（第九册），第 2798 页。

22 《大明令・礼令》，载《大明律》，怀效锋点校，法律出版社 1999 年版，第 250 页。

23 （清）张廷玉等撰：《明史・卷六十八・志四十四・舆服四》，中华书局 1974 年版，第 1671 页。

24 （清）张廷玉等撰：《明史・卷六十八・志四十四・舆服四》，中华书局 1974 年版，第 1671 页。

25 《明会典・卷一百八十一・工部一》，中华书局排印本，第 919 页。

26 《钦定大清会典则例・卷一百二十七・工部・营缮清吏司・府第（房屋附）》，载《景印文渊阁四库全书》（第六二四册）史部三八二・政书类，台湾商务印书馆，第 39—40 页。

27 《钦定大清会典・卷七十二・工部・营缮清吏司・府第》，载《景印文渊阁四库全书》（第六一九册）史部三七七・政书类，台湾商务印书馆，第 666—667 页。

28 《陈书・卷三十一・萧摩诃传》，中华书局标点本，第 411 页。

29 （清）张廷玉等撰：《明史・卷六十八・志四十四・舆服四》，中华书局 1974 年版，第 1670 页。

30 《明会典・卷一百八十一・工部一》，中华书局排印本，第 919 页。

31 （清）张廷玉等撰：《明史・卷六十八・志四十四・舆服四》，

中华书局 1974 年版，第 1671 页。

32 《大明令·礼令》，载《大明律》，怀效锋点校，法律出版社 1999 年版，第 250 页。

33 （清）张廷玉等撰：《明史·卷六十八·志四十四·舆服四》，中华书局 1974 年版，第 1671 页。

34 《钦定大清会典则例·卷一百二十七·工部·营缮清吏司·府第（房屋附）》，载《景印文渊阁四库全书》（第六二四册）史部三八二·政书类，台湾商务印书馆，第 39—40 页。

35 《钦定大清会典·卷七十二·工部·营缮清吏司·府第》，载《景印文渊阁四库全书》（第六一九册）史部三七七·政书类，台湾商务印书馆，第 666—667 页。

36 《钦定大清会典则例·卷一百二十七·工部·营缮清吏司·府第（房屋附）》，载《景印文渊阁四库全书》（第六二四册）史部三八二·政书类，台湾商务印书馆，第 39—40 页。

37 《钦定大清会典·卷七十二·工部·营缮清吏司·府第》，载《景印文渊阁四库全书》（第六一九册）史部三七七·政书类，台湾商务印书馆，第 667 页。

38 《明会典·卷一百八十一·工部一》，中华书局排印本，第 919 页。

39 《钦定大清会典则例·卷一百二十七·工部·营缮清吏司·府第（房屋附）》，载《景印文渊阁四库全书》（第六二四册）史部三八二·政书类，台湾商务印书馆，第 39 页。

40 （宋）王溥：《唐会要·卷三十一·舆服上·杂录》，中华书局 1955 年版，第 575 页。

41 《唐六典·卷二》。所论“常参官”，“谓五品以上职事官、八品以上供奉官、员外郎、监察御史、太常博士”。他们经常伴皇帝左右。

42 参见兰州市地方志编纂委员会编《兰州市志·民俗卷》，兰州大学出版社 2014 年版，第 251—252 页。

43 雍正二年（1724）五月九日《刘于义奏疏》，载《雍正朱批谕旨》第 47 册。

44 《论语·季氏将伐颛臾》，载《论语集释》第 4 册，中华书局 1990 年版，第 1137 页。

45 《晏子春秋·内篇问上》，载《晏子春秋》，中华书局 2007 年版，第 142 页。

46 这扇写着“卜居积水，世守砚田”的大门如今已经不在板桥二条胡同了。2016 年我去调研时，听胡同里的居民说附近的老木门都已经换了新的，当年许林邨先生家的这扇大门据说搬到了后海。

47 如我几次调研时所见，还有北京市兴华胡同 13 号的陈垣故居门联，以及蓑衣胡同 9 号民居把“忠厚传家久，诗书继世长”写成对联贴于门上。

48 ［法］布尔迪厄：《文化资本与社会炼金术：布尔迪厄访谈录》，包亚明译，上海人民出版社 1997 年版，第 208 页。

49 河北省地方志编纂委员会编：《河北省志·民俗志》，河北人民出版社 2013 年版，第 186 页。

50 福建省地方志编纂委员会编：《福建省志·民俗志》，方志出版社 1997 年版，第 100 页。

51 陈捷、张昕：《静升的传统住宅与社会生活》，《建筑学报》2007 年第 4 期。

52 参见张昕、陈捷《画说王家大院》，山西经济出版社 2013 年版，第 54 页。

53 1906 年科举制在中国仓促废除，既是局势所迫，也带来诸多社会后遗症。新式学堂的大量出现使很多人幼年便进城学习，对乡村未能建立起血浓于水的情感，导致很多人“进城”之后不再返回乡村。取消“科举”作为“取士”主要标准之后，却未能尽快以新的官僚录用体制进行弥补，这也是民国官场之乱的一大病因。

结 语

本书从门的基本文化观念出发，挖掘门在具体文化情境中发挥的作用，追问人如何理解门、塑造门、使用门，以此将门的文化观念具体化。与其说研究对象是门，不如说研究的是人与门的关系，甚至可以说是以门为对象或以民间居宅中的一个主题为依托研究某些群体性的观念、心态。门的特殊之处在于它天然具备的多义的物理属性，正如本书反复强调的“空间基础”“文化功能结构”，其逻辑起点就是门之“开阖”。这使得人们对它的“言说”更趋多面化、蔓延化与细碎化。在此研究中，沿着门“开阖”这条主线，在民间众多功利性诉求的驱使下，门的文化功能研究可大致从泛灵之维、世俗之域两个向度展开，以其空间基础为前提可纳入“内—外”“上—下”两个文化功能结构之中。

显然，这是一次从整体、全局把握门之本土文化功能的尝试。也正是因为这样的目标，本书的着力之处多体现在框架的搭建，当然这并不妨碍我对各地民居之门具体考察的呈现。从某种意义上来说，“整体”是人的建构之物，它不是真正的现实。任何“整体”都是人为了理解事物所建构出的“完形”，一种“有损”的图景。不过这也是切入问题、建立形貌的必要的工作，在“搭建框架”的过程中，引发的一些思考应该是更有意义的收获，前者铺垫了基石，后者则指向未来。

“向下”的研究。本书将门的研究限定于民间，属于“向下”的社会历史研究，这确实契合了当下学术研究潮流的转向。历史的主体是人，尤其是所谓

“贵胄”之外的普通人。在关注普通人生活及社会表现的研究中，需要以人的交往、流动及相互关系为核心，用细微之处的“特例”搭建诸如观念、思想的历史框架。反过来，框架又需要更为微观、翔实的民间实例来填充甚至是修正，这可以在今后的研究中着重展开。

时空的边界。这也涉及“总体史”与“区域史”的关系问题。问题研究的时空边界须由研究对象相关涉事态展开的轨迹划定，而不是以与此无直接关联的重大历史事件为依据切割时段，不是以地区行政边界分隔空间，不是按族别将人群及其创造物做简单归类。同时，边界是运动的，而由内看向边界和由外看向边界的收获也是不一样的。但边界是必要的，它能使我们所谈论的问题更为集中，也提示

山西省运城市新绛县泽掌镇光村民居大门前的门墩，2019。

我们要具备对事物间关系做出持续追问的意识。如果今后进入某个细微的问题研究中，既需要有整体史的关怀，也需要超越国家的空间范畴，将其看作世界整体问题在某个时空中的投射，在更大的时空关系中看待区域对象。

史料爬梳与田野中的人文关注。田野调研中最深的感受是，史料是冰冷的，人是灵活的。如建宅中规避逾制的转化性处理，宅主在宅院中对守卫防御、采光排水、取暖降暑、财产分配、功能区设计等方面的处理，均能体现出人们对问题的解决策略及家族管理的理念。在冰冷的制度和遗存之外，是民众生活的真实性。例如本书对西文兴村司马第大门九层斗拱的论述中，详细地呈现了宅主人在财富炫耀与规避礼制的双重诉求下所做出的颇具智慧的处理方式。又如党家村人用木质长板凳充当门槛，一方面出于节约省事的考虑，另一方面则发挥了“一物双用”的效用。这是民居研究中吸引人的地方，也是需要着重关注和探讨的民间人文，因为这正是“向下”的社会史、艺术史研究的独特之处和追求所在。

山西省晋中市灵石县静升镇王家大院，2014。

山西省晋中市太谷县北洸村曹家大院大门，2014。

安徽省黄山市黟县西递镇西递村民居大门，2015。

安徽省宣城市泾县桃花潭镇（明）翟志进等住宅大门，2015。

安徽省黄山市徽州区呈坎镇呈坎村民居大门，2015。

江西省景德镇市祥集弄民居大门，2015。

级风景名胜区
當大門
英名萬古留
孝友傳家
耕讀繼世

湖南省岳阳市岳阳县张谷英村“当大门”，2015。

北京市福祥胡同 19 号民居大门，2016。

北京市福祥胡同某民居大门，2016。

北京市西城区大木仓胡同 35 号郑王府大门，2016。

广东省佛山市三水区乐平镇大旗头村民居大门，2017。

广东省江门市开平市塘口镇自力村碉楼大门，2017。

广东省韶关市仁化县石塘镇石塘村民居大门，2017。

湖北省黄石市阳新县排市镇下容村阚家塘民居大门，2017。

四川省南充市阆中市阆中古城蒲氏宅第大门。
该院为典型的“倒座房”，2018。

云南省剑川县金华镇民居大门，2018。

江西省赣州市赣县白鹭村四逸堂大门，2018。

江西省赣州市龙南县杨村镇乌石围大门，2018。

江西省赣州市龙南县燕翼围大门，2018。

广东省梅州市梅县区南口镇侨乡村民居大门，2018。

广东省梅州市梅县区南口镇侨乡村南华又庐大门，2018。

广东省梅州市梅县区松口镇南下村张榕轩故居大门，2018。

振德樓
萬事
迎春接

广东省梅州市大埔县西河镇车龙坪村张弼士故居大门，2018。

广东省梅州市大埔县西河镇北塘村民居大门，2018。

广东省梅州市大埔县茶阳镇旋庐大门，2018。

振兴中华
135

福建省漳州市南靖县田螺坑土楼大门，2018。

福建省泉州市晋江市五店市传统街区（状元街 7 号）朝北大厝大门，2018。

福建省三明市大田县桃源镇东坂村安良堡，2018。

安良堡

福建省三明市永安市槐南镇洋头村安贞堡，2018。

河南省三门峡市陕州区西张村镇庙上村地坑院入口，2019。

山西省晋城市沁水县土沃乡西文兴村司马第大门，2019。

山西省临汾市襄汾县丁村第 1 号院大门，2019。

山西省运城市万荣县高村乡阎景村李家大院李大佐宅院大门，2019。

陕西省渭南市韩城市党家村民居大门，2019。

山西省运城市新绛县泽掌镇光村民居大门，2019。

山西省晋城市沁水县嘉峰镇窦庄村尚书府下宅大门，2019。

参考文献

- （梁）宗懔：《荆楚岁时记》。
- （唐）韩鄂撰：《四时纂要》。
- （宋）王溥：《唐会要》，刻本，江苏书局 1884 年版（清光绪甲申年）。
- 《唐六典》，中华书局排印本。
- 《仪礼释宫及其他二种》（丛书集成初编），商务印书馆 1937 年版。
- （宋）刘时举：《续宋编年资治通鉴》，商务印书馆。
- 《天圣令·营缮令第二十八》，载《天一阁藏明钞本天圣令校证》（下册），中华书局 2006 年版。
- 《太平御览》，载《景印文渊阁四库全书》（第八九四册）子部二〇〇·类书类，台湾商务印书馆。
- （元）脱脱等撰：《宋史》，中华书局（简体字本）2000 年版。
- （明）宋濂等撰：《元史》，中华书局 1976 年版。
- 《大明律》，怀效锋点校，法律出版社版 1999 年版。
- （清）张廷玉等撰：《明史》（第六册），中华书局 2007 年版。
- 《明会典》，中华书局排印本。
- （清）陈立撰，吴则虞点校：《白虎通疏证》，中华书局 1994 年版。
- 《钦定大清会典则例》，载《景印文渊阁四库全书》（第六二四册）史部三八二·政书类，台湾商务印书馆。
- 《钦定大清会典》，载《景印文渊阁四库全书》（第六一九册）史部三七七·政书类，台湾商务印书馆。
- 黄晖：《论衡校释》，中华书局 1990 年版。

- （明）高鹤纂：《定远县志》。
- （明）康海、（清）张树勋：《武功县志》（续），清嘉庆绿野书院刻本。
- （明）吕柟：《高陵县志》，明嘉靖刻本。
- （明）孙丕扬：《富平县志》，明万历刻本。
- （明）张士佩：《韩城县志》，明万历刻本。
- （明）王九畴：《华阴县志》。
- （清）谢长青：《延川县志》，清道光刻本。
- （清）顾德昌、张粹德：《新繁县志》，清嘉庆刻本。

- （清）罗文思：《商南县志》，清乾隆刻本。
- （清）王致云修，（清）朱埙纂，（清）张琛补编：《神木县志》，清道光刻本。
- （清）张九章修，陈藩垣、陶祖谦等纂：《黔江县志》，清光绪刻本。
- （清）裴显忠修，刘硕辅纂：《乐至县志》，清道光刻本。
- （清）蒋毓英撰，陈碧笙校注：《台湾府志校注》，厦门大学出版社 1985 年版。
- （清）郭世棻修，文笔超等纂：《青神县志》，清光绪刻本。
- （清）王训：《安丘县志》（续），清康熙刻本。
- （清）高学濂：《江安县志》，清道光刻本。
- （清）罗曰璧：《汧阳县志续稿》，清道光刻本。
- （清）江亦显、郭天章、黄相尧：《兴文县志》，清光绪刻本。
- （清）罗文思：《商南县志》，清乾隆刻本。
- （清）杨金庚修，陈廷珍等纂：《海城县志》，清光绪刻本。
- （清）胡炳、彭腆：《南江县志》，清道光刻本。
- （清）谭瑀：《吴堡县志》，清道光刻本。
- （清）杨汝偕：《太平县志》，清道光刻本。
- （清）王树桐、徐璞玉、米绘裳：《金堂县志》（续），清嘉庆刻本。
- （清）李联芳：《平利县志》（续修），清光绪刻本。
- （清）鲁凤辉、王廷伟：《达县志》，清嘉庆刻本。
- （清）范昉：《略阳县志》，清雍正刻本。
- （清）谭瑀：《略阳县志》（重修），清光绪刻本。
- （清）傅华桂修，王玺尊等纂：《什邡县志》（续增），清同治刻本。

- 江苏省地方志编纂委员会编：《江苏省志 · 民俗志》，江苏人民出版社 2002 年版。
- 广西壮族自治区地方志编纂委员会编：《广西通志 · 民俗志》，广西人民出版社 1992 年版。
- 安徽省地方志编纂委员会编：《安徽省志 · 民俗志》，方志出版社 1998 年版。
- 福建省地方志编纂委员会编：《福建省志 · 民俗志》，方志出版社 1997 年版。
- 山西省史志研究院编：《山西通志 · 民俗方言志》，中华书局 1997 年版。
- 河北省地方志编纂委员会编：《河北省志 · 民俗志》，河北人民出版社 2013 年版。
- 陕西省地方志编纂委员会编：《陕西省志 · 民俗志》，三秦出版社 1999 年版。

- 河南省地方史志办公室编：《河南省志·民俗志》，河南人民出版社 1995 年版。
- 山东省地方史志编纂委员会编：《山东省志·民俗志》，山东人民出版社 1996 年版。
- 湖南省地方志编纂委员会编：《湖南省志·民俗志》，五洲传播出版社 2005 年版。
- 兰州市地方志编纂委员会编：《兰州市志·民俗卷》，兰州大学出版社 2014 年版。
- 北京市地方志编纂委员会编：《北京志·民俗志》，北京出版社 2012 年版。
- 四川省地方志编纂委员会编：《四川省志·民俗志》，四川人民出版社 2000 年版。
- 吉林省地方志编纂委员会编：《吉林省志·民俗志》，吉林人民出版社 1992 年版。

- 费孝通：《乡土中国》，人民出版社 2008 年版。
- 余英时：《论天人之际：中国古代思想起源试探》，中华书局 2014 年版。
- 葛兆光：《宅兹中国：重建有关“中国”的历史论述》，中华书局 2011 年版。
- 秦晖：《传统十论》，东方出版社 2014 年版。
- 刘志伟：《在国家与社会之间：明清广东地区里甲赋役制度与乡村社会》，中国人民大学出版社 2010 年版。
- 郑振满：《乡族与国家：多元视野中的闽台传统社会》，生活·读书·新知三联书店 2009 年版。
- 赵世瑜：《狂欢与日常：明清以来的庙会与民间社会》，生活·读书·新知三联书店 2002 年版。
- 赵世瑜：《小历史与大历史：区域社会史的理念、方法与实践》，生活·读书·新知三联书店 2006 年版。
- 赵世瑜：《大河上下：10 世纪以来的北方城乡与民众生活》，山西人民出版社 2010 年版。
- 刘敦桢：《中国古代建筑史》，中国建筑工业出版社 1984 年版。
- 刘敦桢：《中国住宅概说》，百花文艺出版社 2004 年版。
- 梁思成：《中国建筑史》，生活·读书·新知三联书店 2011 年版。
- 梁思成：《清式营造则例》，清华大学出版社 2006 年版。
- 梁思成：《大拙至美：梁思成最美的文字建筑》，中国青年出版社 2007 年版。
- 梁思成：《〈营造法式〉注释》，生活·读书·新知三联书店 2015 年版。

- 王世仁：《理性与浪漫的交织：中国建筑美学论文集》，中国建筑工业出版社 2015 年版。
- 李允鉌：《华夏意匠：中国古典建筑设计原理分析》，天津大学出版社 2014 年版。
- 刘先觉：《现代建筑理论》，中国建筑工业出版社 2008 年版。
- 傅熹年：《中国古代建筑工程管理和建筑等级制度研究》，中国建筑工业出版社 2012 年版。
- 马炳坚：《中国古建筑木作营造技术》，科学出版社 2015 年版。
- 马炳坚：《北京四合院建筑》，天津大学出版社 2001 年版。
- 王贵祥：《中国古代人居理念与建筑原则》，中国建筑工业出版社 2015 年版。
- 王其钧、谈一评：《民间住宅》，中国水利水电出版社 2005 年版。
- 王树村：《门与门神》，学苑出版社 1994 年版。
- 楼庆西：《中国建筑的门文化》，河南科学技术出版社 2001 年版。
- 楼庆西：《千门之美》，清华大学出版社 2011 年版。
- 王子今：《门祭与门神崇拜》，陕西人民出版社 2006 年版。
- 吴裕成：《中国的门文化》，天津人民出版社 1999 年版。
- 王其钧：《古雅门户》，重庆出版社 2007 年版。
- 吕品田：《中国民间美术观念》，湖南美术出版社 2007 年版。
- 王其亨：《风水理论研究》，天津大学出版社 2015 年版。
- 叶大兵、乌丙安主编：《中国风俗辞典》，上海辞书出版社 1990 年版。

- [德] G. 齐美尔：《桥与门——齐美尔随笔集》，涯鸿、宇声等译，生活・读书・新知三联书店上海分店 1991 年版。
- [美] 路易斯 · 亨利 · 摩尔根：《古代社会》，杨东莼、马雍、马巨译，商务印书馆 1977 年版。
- [法] J. 勒高夫、P. 诺拉、R. 夏蒂埃等主编：《新史学》，上海译文出版社 1989 年版。
- [法] 费尔南 · 布罗代尔：《地中海与菲利普二世时代的地中海世界》，唐家龙、曾培耿、吴模信等译，商务印书馆 2013 年版。
- [英] 彼得 · 伯克：《法国史学革命：年鉴学派，1929—1989》，刘永华译，北京大学出版社 2006 年版。
- [英] 马林诺夫斯基：《文化论》，费孝通等译，中国民间文艺出版社 1987 年版。
- [英] A.R. 拉德克利夫－布朗：《社会人类学方法》，夏建中译，华夏出版社 2002 年版。

- [美] 露丝·本尼迪克特：《文化模式》，王炜译，社会科学文献出版社 2009 年版。
- [德] 海德格尔：《存在与时间》，陈嘉映、王庆节译，生活·读书·新知三联书店 2014 年版。
- [法] 莫里斯·梅洛－庞蒂：《行为的结构》，杨大春、张尧均译，商务印书馆 2010 年版。
- [挪] 诺伯舒兹：《场所精神：迈向建筑现象学》，施植明译，华中科技大学出版社 2010 年版。
- [英] J.G. 弗雷泽：《金枝》，商务印书馆 2013 年版。
- [英] 爱德华·泰勒：《原始文化》，连树声译，上海文艺出版社 1992 年版。
- [法] 列维－布留尔：《原始思维》，丁由译，商务印书馆 2010 年版。
- [瑞] 卡尔·荣格等：《人类及其象征》，张举文译，辽宁教育出版社 1988 年版。
- [法] 米歇尔·福柯：《规训与惩罚》，刘北成、杨远婴译，生活·读书·新知三联书店 2014 年版。
- [英] 斯图尔特·霍尔编：《表征：文化表象与意指实践》，徐亮、陆兴华译，商务印书馆 2005 年版。
- [法] 布尔迪厄：《艺术的法则：文学场的生成与结构》，刘晖译，中央编译出版社 2011 年版。
- [加] 卜正民、傅尧乐编：《国家与社会》，张晓涵译，中央编译出版社 2014 年版。
- [法] 劳格文主编：《客家传统社会》，中华书局 2005 年版。
- [英] 科大卫：《明清社会和礼仪》，北京师范大学出版社 2016 年版。

图书在版编目（CIP）数据

区隔与变通：民居之门的空间结构及文化功能 / 缑梦媛著．
— 北京：文化艺术出版社，2019.7
ISBN 978-7-5039-6760-3

Ⅰ．①区… Ⅱ．①缑… Ⅲ．①门—建筑艺术—研究—中国
②门—文化研究—中国 Ⅳ．① TU228

中国版本图书馆 CIP 数据核字（2019）第 157367 号

区隔与变通：民居之门的空间结构及文化功能

著　　者　缑梦媛
责任编辑　董良敏
书籍设计　瞿中华
出版发行　文化艺术出版社
地　　址　北京市东城区东四八条 52 号（100700）
网　　址　www.caaph.com
电子邮箱　s@caaph.com
电　　话　（010）84057666（总编室）　84057667（办公室）
　　　　　84057696—84057699（发行部）
传　　真　（010）84057660（总编室）　84057670（办公室）
　　　　　84057690（发行部）
经　　销　新华书店
印　　刷　北京雅昌艺术印刷有限公司
版　　次　2019 年 7 月第 1 版
印　　次　2019 年 7 月第 1 次印刷
开　　本　710 毫米 × 1000 毫米　1/16
印　　张　17.25
字　　数　260 千字
书　　号　ISBN 978-7-5039-6760-3
定　　价　78.00 元
